新型职业农民培育系列教材
乡村科技振兴专家答疑丛书

养牛与牛病防治300问

欧红萍　主编

中国农业大学出版社
·北京·

内容提要

本书内容包括牛场建设、牛的品种及特性、牛的饲料与营养、牛的繁殖技术、牛的饲养管理、牛的疾病与防治以及牛场的经营管理等内容。

图书在版编目(CIP)数据

养牛与牛病防治300问/欧红萍主编. —北京:中国农业大学出版社,2018.8(2021.11重印)

ISBN 978-7-5655-2099-0

Ⅰ.①养… Ⅱ.①欧… Ⅲ.①养牛学-问题解答 ②牛病-防治-问题解答 Ⅳ.①S823-44②S858.23-44

中国版本图书馆CIP数据核字(2018)第203856号

书　　名　养牛与牛病防治300问

作　　者　欧红萍　主编

策划编辑　张　玉　张　蕊　　　**责任编辑**　张　玉

封面设计　郑　川

出版发行　中国农业大学出版社

社　　址　北京市海淀区圆明园西路2号　　　**邮政编码**　100193

电　　话　发行部 010-62818525,8625　　　读者服务部 010-62732336

编辑部 010-62732617,2618　　　出　版　部 010-62733440

网　　址　http://www.cau.edu.cn/caup　　　**E-mail** cbsszs @ cau.edu.cn

经　　销　新华书店

印　　刷　北京时代华都印刷有限公司

版　　次　2018年11月第1版　2021年11月第2次印刷

规　　格　787×980　16开本　11印张　270千字　彩插1

定　　价　28.00元

编写人员

主　　编　欧红萍（成都农业科技职业学院）

副 主 编　刘昌林（成都农业科技职业学院）

王　迪（成都农业科技职业学院）

张鉴月（河南省新乡市辉县孟庄镇政府）

参　　编　刘永红（成都农业科技职业学院）

董　琪（成都农业科技职业学院）

李　韵（成都农业科技职业学院）

杨　敏（成都农业科技职业学院）

钟志军（成都农业科技职业学院）

王　辉（成都农业科技职业学院）

韦建华（河池市动物疫病预防控制中心）

编写说明

职业农民是农业生产经营主体。开展农民教育培训，提高农民综合素质、生产技能和经营能力，是发展现代农业和实施乡村振兴战略的重要举措。党中央、国务院高度重视农民教育培训工作，提出了"大力培育新型职业农民"的历史任务。目前我国养牛生产具有广阔的发展空间，养牛生产的当务之急是从转变养牛生产方式的高度出发，以优质、高效、生态和可持续发展为目标，加大技术投资，依靠科技进步，形成专业生态化生产、一体化经营、社会化服务、企业化管理，加快养牛业专业化、系列化、市场化和社会化进程，向品种良种化、生产集约化、过程生态无害化和产品优质化方向迈进，全面提升养牛生产效益，让养牛产业实现突破式发展。

为贯彻落实中央的战略部署，提高农民教育培训质量，同时也为各地培育新型职业农民提供基础保障——高质量教材，我们遵循农民教育培训的基本特点和规律，编写了《养牛与牛病防治300问》一书。

《养牛与牛病防治300问》是新型职业农民培育系列教材之一。作者在对多年来养牛生产实践经验加以总结的基础上，以技术问答方式编写了本书。全书内容包括牛场建设、牛的品种及特性、牛的饲料与营养、牛的繁殖技术、牛的饲养管理、牛的疾病与防治、牛场的经营管理等内容。全书紧密结合养牛生产实际，技术先进，实用性与可操作性强，通俗易懂，具有很强的针对性和实用性，既可作为养牛生产一线的新型职业农民的培训教材，也可作为从事养牛生产、管理人员及农业职业院校师生的学习参考用书。

本书由成都农业科技职业学院学院欧红萍担任主编，刘昌林、王迪、张鉴月担任副主编，刘永红、董琪、李韵、王辉、杨敏、钟志军、韦建华参加编写。北京农业职业学院李玉冰教授、原农业部科技教育司寇建平和原农业部农民科技教育培训中心陈肖安等同志对教材内容进行了审定，在此一并表示感谢。

由于编者水平有限，加之时间仓促，教材中不妥和错误之处在所难免。衷心希望广大读者提出宝贵意见，以期进一步修订和完善。

编　者

2018年4月

前言

目　录

一、肉牛养殖技术

1 牛场选址基本要求有哪些？

(1)地形地势　地形要整齐开阔，方形最理想，尽量避免狭长和多边形，不应占用基本农田，尽量利用荒地建场。地势要高燥、背风向阳、地下水位2米以下，具有缓坡(1%～3%，最大为6%)的北高南低、总体平坦的地方。切不可建在低洼或风口处，以免排水困难，汛期积水及冬季防寒困难。

(2)土质良好　沙壤土最理想，沙土较适宜，黏土最不适合。

(3)气象　要综合考虑当地的气象因素，如最高温度、最低温度，湿度、年降雨量、主风向、风力等，以选择有利地势。

(4)水源水质　要有充足的合乎卫生要求的水源，保证生产生活及人畜饮水。水质良好，不含毒物，确保人畜安全和健康。

(5)饲料资源　周围饲料资源特别是粗饲料资源丰富。牛场应距秸秆、青贮和干草饲料较近，以保证草料供应，减少费用，降低成本。

(6)电源充足　牛场应有充足的电力供应。

(7)交通便利　牛场每天都有大量牛奶、饲料、粪便等进出，运输量很大。因此，肉牛场应该建在距离饲料生产基地和放牧较近的地方。

(8)卫生防疫　距离铁路、高速公路、交通干线不小于1千米，一般道路不小于500米，距离其他畜禽场、兽医机构、屠宰场不小于2千米，并应位于居民区及公共建筑群常年主风向的下风处。还要避开污染工矿企业，特别是化工企业。

2 肉牛场如何规划？

(1)生活区　指职工生活住宅区。应在肉牛养殖场上风头和地势较高地段，并与生产区保持适当的距离，以保证生活区良好的卫生环境。

(2)管理区　包括与经营管理、产品加工销售有关的建筑物。管理区要和生产区严格分开，保证50米以上距离，外来人员只能在管理区活动，场外运输畜牧车辆严禁进入生产区。

（3）生产区　应设在场区地势较低的位置，要能控制场外人员和车辆，使之不能直接进入生产区，要保证最安全、最安静。大门口设立门卫传达室、消毒室、更衣室和车辆消毒池，严禁非生产人员出入场内。出入人员和车辆必须经消毒室或消毒池进行消毒。生产区牛舍要合理布局，各牛舍之间要保持适当距离，布局整齐，以便防疫和防火。但也要适当集中，节约水电线路管道，缩短饲草、饲料及粪污运输距离，便于科学管理。粗饲料库设在生产区下风口地势较高处，与其他建筑物保持60米防火距离。兼顾由场外运入，再运到牛舍两个环节。饲料库、干草棚、加工车间和青贮池离牛舍要近一些，位置适中一些，便于车辆运送草料，减少劳动强度。但必须防止牛舍和运动场因污水渗入而污染草料。

（4）粪尿污水处理、病畜管理区　设在生产区下风地势低处，与生产区保持300米卫生间距，病牛区应便于隔离，单独通道，便于消毒，便于污物处理等。防止污水粪尿废弃物蔓延污染环境。

3　肉牛场需要建设哪些基本设施？这些设施有何要求？

（1）牛床　可以采用水泥抹面，导热性能好，坚固耐用，易于清洗和消毒。

（2）饲槽　饲槽有固定式和活动式两种，设置在牛床前面。

（3）水槽　水槽和饲槽一样是不可缺少的舍内设施，可以采用自动饮水器，也可以采用装有水龙头的水槽。寒冷地区水槽要求防寒抗冻，必要时冬季可以采用温水。

（4）清粪通道　清粪通道同时也是牛只出入的通道，清粪通道一般需设置一定的坡度，并设置防滑凹槽。

（5）粪尿沟　人工清粪牛舍一般在牛床和通道之间设置粪尿沟，粪尿沟要求不渗漏和壁面光滑。沟宽30～40厘米，深10～15厘米，纵向排水坡度1%～2%。

（6）饲料通道　饲料通道设置在饲槽的前端，一般以高出地面10厘米为宜，宽一般为1.5～2米。

（7）运动场　饲养种牛、犊牛的牛舍，应设立运动场。运动场多设在栋舍间的空余地带，四周用栅栏围起来，将牛只散放或拴系其内。运动场以三合土地面为宜。运动场应设立补饲槽和水槽。育肥牛一般要减少运动，饲喂后拴系到运动场休息，减少饲料消耗，提高增重。对繁殖母牛，每天应保证充足的运动量和日光浴。对于公牛应强制运动，以保证健康。

4 牛舍的基本结构与参数有哪些？

(1)地基与墙体　基深80～100厘米，砖墙厚24厘米，双坡式牛舍脊高4.0～5.0米，前后檐高3.1～3.5米。牛舍内墙的下部设墙围，防止水气渗入墙体，提高墙的坚固性、保温性。

(2)门窗　门高2.1～2.2米，宽2～2.5米。门一般设成双开门，也可设上下翻卷门。封闭式的窗应大一些，高1.5米，宽1.5米，窗台高距地面1.2米为宜。

(3)场地面积　肉牛生产、牛场管理、职工生活及其他附属建筑等需要一定场地、空间。牛场大小可根据每头牛所需面积、结合长远规划计算出来。牛舍及其他房舍的面积为场地总面积的15%～20%。由于牛体大小、生产目的、饲养方式等不同，每头牛占用的牛舍面积也不一样。肥育牛每头所需面积为1.6～4.6米^2。通栏肥育牛舍有垫草的每头牛占2.3～4.6米^2，有隔栏的每头牛占1.6～2.0米^2。

(4)屋顶　最常用的是双坡式屋顶。这种形式的屋顶可适用于较大跨度的牛舍，可用于各种规模的各类牛群。这种屋顶既经济，保温性又好，而且容易施工修建。

(5)牛床和饲槽　肉牛场多为群饲通槽喂养。牛床一般要求是长1.6～1.8米，宽1.0～1.2米。牛床坡度为1.5%，牛槽端位置高。饲槽设在牛床前面，以固定式水泥槽最适用，其上宽0.6～0.8米，底宽0.35～0.40米，呈弧形，槽内缘高0.35米（靠牛床一侧），外缘高0.6～0.8米（靠走道一侧）。为操作简便，节约劳力，应建高通道、低槽位的道槽合一式为好。即槽外缘和通道在一个水平面上。

(6)通道和粪尿沟　对头式饲养的双列牛舍，中间通道宽1.4～1.8米。通宽度应以送料车能通过为原则。若建道槽合一式，道宽3米为宜(含料槽宽)。粪尿沟宽应以常规铁锨正常推行宽度为易，宽0.25～0.3米，深0.15～0.3米，倾斜度1:(50～100)。

5 育肥牛占有牛舍面积是多大？

育肥牛占有牛舍(包括运动场面积)面积大小与育肥效果有一定的关系，每头牛占有面积太大太小都不好。占有面积太大时，牛的活动量大，消耗的能量就多；占有面积太小时，又会影响牛的正常生活活动，也会影响其生长发育。据研究分析，每头牛占有牛舍面积为2.4、4.0、5.8、7.0米^{2}时，牛的增重以4.0米^{2}面积为最佳。因此围栏育肥时，每头牛占有牛舍面积为4.0米^2，养牛10～15头，每个围栏40～60米^{2}为宜。

6 西门塔尔牛有什么特点？

图1 西门塔尔牛

原产于瑞士，原是瑞士的大型乳、肉、役三用品种，占其总牛数的50%，在世界各国分布很广。毛色多为黄白花或淡红白花，头、胸、腹下、四肢、尾帚多为白色。后躯较前躯发达，中躯呈圆筒形。四肢强壮。肉、乳兼用性能均佳。平均产奶量4 000千克以上，乳脂率4.0%。初生至12月龄日增重1.32千克，肥育后屠宰率可达65%。与我国北方黄牛杂交，后代体格增大，生长加快，很受群众欢迎。见图1。

7 蜀宣花牛育成与品种特点有哪些？

蜀宣花牛是以宣汉黄牛为母本，选用原产于瑞士的西门塔尔牛和荷兰的荷斯坦乳用公牛为父本，从1978年开始，通过西门塔尔牛与宣汉黄牛杂交，导入荷斯坦奶牛血缘后，再用西门塔尔牛级进杂交创新，经横交固定和4个世代的选育提高，历经30余年培育而成的乳肉兼用型牛新品种，2011年10月通过国家初审，并报国家畜禽遗传资源委员会。见图2。

图2 蜀宣花牛

品种特点：

(1)体型外貌　蜀宣花牛体型外貌基本一致。毛色为黄白花或红白花，头部、尾梢和四肢为白色；头中等大小，母牛头部清秀；成年公牛略有肩峰；有角，角细而向前上方伸展；鼻镜肉色或有斑点；体型中等，体躯宽深，背腰平直、结合良好，后躯较发达，四肢端正结实；角、蹄以蜡黄色为主；母牛乳房发育良好。

(2)生产性能　母牛初配时间

为16～20月龄，妊娠期278天左右。公、母牛出生重分别为31.6千克和29.6千克；6月龄公、母牛体重分别为149.3千克和154.7千克；12月龄公、母牛体重分别为315.1千克和282.7千克。成年公、母牛体高分别为149.8厘米和128.1厘米，体斜长分别为180.0厘米和157.9厘米，胸围分别为212.5厘米和188.6厘米，管围分别为24.3厘米和18.6厘米。蜀宣花牛第四世代群体平均年产奶量为4 480千克，平均泌乳期为297天，乳脂含量4.16%，乳蛋白含量3.19%。公牛18月龄育肥体重平均达499.2千克，90天育肥期平均日增重为1 275.6克，屠宰率57.6%，净肉率48.0%。

蜀宣花牛性情温顺，具有生长发育快、产奶和产肉性能较优、抗逆性强、耐湿热气候，耐粗饲、适应高温（低温）高湿的自然气候及农区较粗放条件饲养。

8 我国五大良种黄牛是哪些？

我国五大良种黄牛是产于陕西省关中地区的秦川牛、河南南阳地区的南阳牛、山东西南部的鲁西牛、山西省晋南盆地晋南牛和吉林延边地区的延边牛。见图3至图6。

图3 秦川牛

图4 南阳牛

图5 鲁西牛

图6 晋南牛

9 常用引进肉牛品种及其特点有哪些？

常用引进肉牛品种按体型大小可分成三类，主要有：

(1)中、小型早熟品种　如海福特牛、短角牛、安格斯等。其特点是：生长快，胴体脂肪多，皮下脂肪厚，体型较小，一般成年公牛体重550～700千克，母牛400～500千克，成年母牛体高在127厘米以下为小型，128～136厘米为中型。

(2)大型品种　如法国的夏洛莱牛、利木赞牛、意大利的皮埃蒙特牛等。其特点是：体格高大，肌肉发达，脂肪少，生长快，但较晚熟。成年公牛体重1 000千克以上，母牛700千克以上，成年母牛体高在137厘米以上。

(3)兼用品种　主要品种有西门塔尔牛、瑞士褐牛和丹麦红牛。多为乳肉兼用或肉乳兼用。见图7至图12。

图7　海福特牛

图8　利木赞牛

图9　夏洛莱牛

图10　皮埃蒙特牛

图 11　西门塔尔牛

图 12　丹麦红牛

10 怎样挑选役牛？

役用牛的体型外貌要求与乳用或肉用牛不同。从整体结构上看，役用牛的选择特点是：外观全身粗糙而紧凑，前躯特别发达，中躯较长，后躯紧凑，从而显得后躯相对较弱，并有前高后低之感，而从腹线看又显得前低后高，使整个体型形成"倒梯子形"。具有这种体型的牛，有利于役用性能的充分发挥，是役用牛的理想体型。对役用牛各部位的具体要求为：皮厚骨粗，筋腱发达，肌肉强壮、结实，富于线条，皮下脂肪不甚发达。役用牛以中等体长为宜，体高和体长近于相等，体长指数（体长与体高之比）介于 117%～118% 较适宜。从不同部位而言，与役力有关的重要部位主要是：鬐甲、肩、胸、背、腰、尻、大腿和四肢。其中四肢、尻部最为关键。役用牛鬐甲要高、长而丰圆，且结合自然。肩要结实，肌肉充满。腹部充实，背腰要平直、宽大，长度适中。前肢应端正，后肢要稍弯。自然站立时，四肢应站得开，立得正，蹄间距离稍宽。前望前肢应遮住后肢；运步时前后蹄应在一条直线上。役用牛的选择可以"上看一张皮，下看四肢蹄，前看胸膛鼓，后看屁股齐"为其鉴定要点。

11 怎样挑选后备牛？

（1）乳用母牛的选择　对乳用母牛的选留，除了对其进行系谱考察、体型外貌及主要器官观察和生长发育表现选择外，同时还要对其本身的生产性能以及对某些主要疾病的抵抗力加以比较。奶用母牛的生产性能主要包括：产奶量、奶的质量、泌乳的均衡性、前乳房指数、排乳速度等。

（2）肉用母牛的选择　对于肉用母牛，除了通过其生长发育状况和系谱选择外，重点还应从本身的繁殖性能、顺产状况、育犊能力等几方面进行挑选。

(3)役用母牛的选择　役用牛是以役用性能为主要经济用途，其后备母牛的选择除役用性能评定外，还可参照肉用后备牛的选择方法进行。

(4)后备种公牛的选择　俗话说，“母牛好，好一线；公牛好，子一片”。公牛的体型外貌，既不能表现出产乳力，也很难确切地反映出产肉力，在选择时，一般是先查系谱，再看外貌，最后着重看它的旁系和后裔的表现。但作为后备种公牛无后裔可查，就只能对前几项内容进行选择了。种公牛的外貌，在选择时，主要看其体型结构是否匀称，外形及毛色是否符合本品种要求，雄性性特征是否突出，有没有明显的生理缺陷。

12 怎样根据牙齿磨损判断牛龄？

牛的牙齿可分为切齿、前臼齿、后臼齿，而牛的年龄就是根据切齿的发生、脱换和磨损情况加以判定的。切齿共 4 对，呈左右对称分布，由中间向两边依次为门齿(钳齿)、内中间齿、外中间齿和隅齿。根据牙齿的更换情况将其分为乳齿和永久齿，正确区分乳齿和永久齿在年龄判定上非常重要。乳齿较小而薄，齿色发白，齿间间隙大，齿颈明显；永外齿齿形大，黄色或暗褐色，齿颈不明显，齿间间隙小。

牛的牙齿变化与年龄的关系如下(图 13)：

①犊牛在初生时就有 1 对乳门齿，生后 4～5 个月乳门齿全部长齐；

②1.5～2 岁，第一对乳门齿脱落，换生永久齿，称 2 岁一对牙；

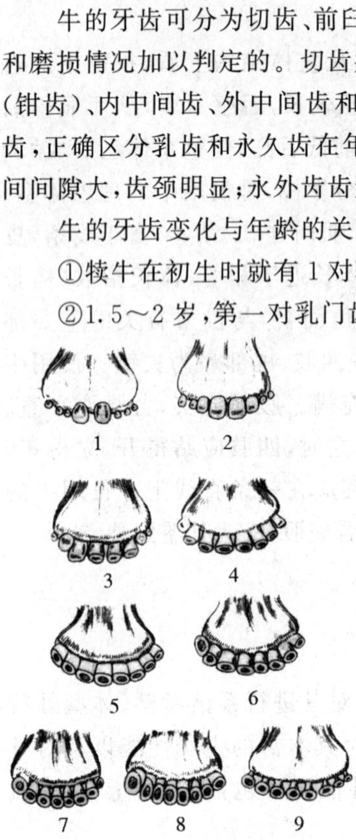

图 13　牙齿与牛龄

(引自牛羊生产学)

③2.5～3 岁，第二对乳门齿脱落，换生永久齿，称 3 岁二对牙；

④3.5～4 岁，第三对乳门齿脱落，换生永久齿，称 4 岁三对牙；

⑤4.5～5 岁，第四对乳门齿脱落，换生永久齿，称齐口；

⑥6～7 岁，第一对门齿中间出现珠形圆点；

⑦7～8 岁，第二对门齿中间出现珠形圆点；

⑧8～9 岁，第三对门齿中间出现珠形圆点；

⑨10 岁，第四对门齿中间出现珠形圆点

13 角轮和牛的年龄有关吗？

母牛在产犊后，在角的表面形成凹轮，称为

角轮。一般是由于妊娠期间或产后由于营养供应不足和消耗过多，而影响角组织生长而形成的。母牛一般产犊1次出现1个角轮，因此通过角轮数目也可以大致估计出母牛的年龄，但与实际年齿有差异。这种方法主要适合于母牛。从角根算起，一个凹陷加一个相邻的隆起为一个角轮。一般来说，母牛第一次产犊即出现第一个角轮是在2.5～3.0岁，按每年都产犊计算，产犊一次增加一个角轮，这样可以根据角轮的总数加上1.5～2.0岁即是牛的估计年龄见图14。

母牛年龄＝母牛初产年龄＋角轮数目

公牛（阉牛）＝1＋角轮数目

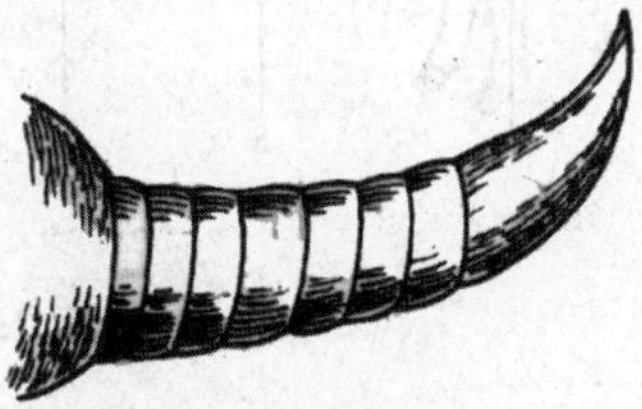

图14　牛角与牛龄

但角轮的生长同样受到多种因素的影响。例如，在同一青草季节或枯草季节期间，由于牛患病，特别是慢性疾病，或得到的饲料品质不一，营养不平衡，对角的生长发育速度有影响，导致形成比较短浅、细小的角轮，界限不清，不易判定。因此，在利用角轮鉴别年龄时，一般只计算大而明显的角轮，细小不明显的角轮，多不予计算。另外，有些奶牛在出生后5～7天内，牛角已被去掉，就不能根据角来鉴别年龄。

14　牛的体尺测量包括哪些内容？怎样测量？

牛的体尺测量项目主要根据测量的目的选择各测量部位进行测量，一般奶牛主要测量体高、体斜长、胸围、管围、荐高、尻长等项目；肉牛主要测量体高、体直长、胸围、腿围、管围、尻宽等。用于品种资源普查或育种时还需测量其他项目。

测量方法：

①测量时，使被测牛端正站在宽敞、平坦的场地上，四肢直立，头自然前伸，姿势正常，然后测量。每项测2次，取其平均值，并做好记录。操作应细心、准确、迅速。

②测量工具：测杖、卷尺、圆形测定器、测角器等。

③测量部位（图15）：

体高：从鬐甲最高点到地面的垂直距离。

体斜长：从肩端（臂骨前突起的最前点）到坐骨结节后缘的距离。

体直长：从肩端最前缘到坐骨结节后缘两垂线间的距离。

胸围：肩胛骨后缘处的体躯垂直周径。

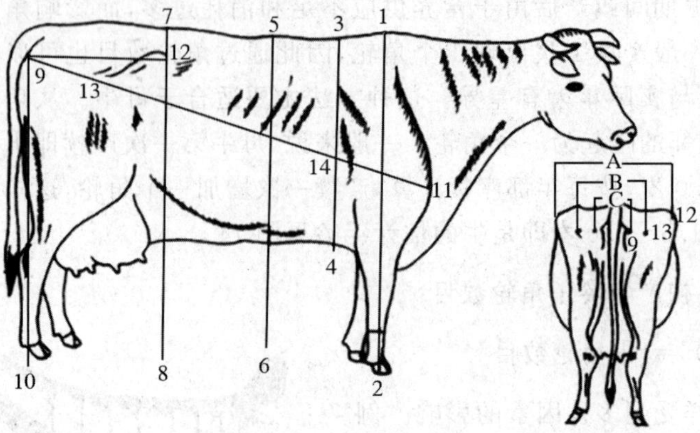

图 15　牛体况测定(引自牛羊生产学)

胸宽：沿肩胛软骨后角量取最宽处的水平距离。

胸深：沿肩胛软骨后作一垂线，从鬐甲到胸骨的距离。

腿围：从一侧后膝前缘，在尾下绕胫股间至对侧后膝前缘的半圆周径。

荐高(尻高)：荐骨最高点到地面的垂直距离。

十字部高(腰高)：两腰角连线的中点到地面的垂直距离。

腰角宽：两腰角(髋结节)外缘的距离。

尻长：从腰角前缘至尻端后缘的直线距离。

尻宽(十字部宽)：髋结节外角间的距离。

管围：前肢掌骨上 1/3 处(最细处)的周径。

15　怎样根据体尺确定牛的体重？

根据牛体尺可估测牛的体重，牛体重估测公式：

适用乳牛或乳肉兼用牛的估重公式：

$$体重(千克)=[胸围(米)]^2\times体斜长(米)\times87.5$$

适用本地黄牛及改良牛的估重公式：

$$体重(千克)=[胸围(厘米)]^2\times体斜长(厘米)\div10\,800$$

适用肉牛的估重公式：

$$体重(千克)=[胸围(米)]^2\times体直长(米)\times100$$

16 肉牛常用饲料的种类有哪些？

肉牛常用的饲料种类有青绿饲料（比如新鲜菜叶）、粗饲料（比如干杂草）、青贮饲料（比如青贮玉米秸秆）、能量饲料（比如玉米）、蛋白质饲料（比如豆粕）和矿物质饲料（比如食盐）。

17 肉牛的消化器官有什么特点？

肉牛的消化器官由口腔、食道、复胃、小肠、大肠等部位组成，与消化有关的腺体有唾液腺、肝脏、胰腺和胆囊等。牛口腔中的唇、齿和舌为主要的摄食器官。肉牛的唾液腺由五个成对的腺体（腮腺、颌下腺、臼齿腺、舌下腺、狭腺）和三个单一腺体（腭腺、咽腺、唇腺）组成。它们的分泌液混合物即为唾液。唾液除了具有通常的湿润饲料、杀菌、保护口腔作用外，肉牛的唾液中还含有氨化物、钠和磷，具有弱碱性的缓冲作用，对维护瘤胃正常的酸、碱度有很大作用，并为瘤胃微生物提供丰富的养分。肉牛有四个胃，它们是网胃、瘤胃、瓣胃和皱胃。胃的容积占整个消化道的68%～80%。瘤胃占四个胃容量的80%以上，瘤胃壁由强大的丛形环状肌肉组成，能强烈地收缩与松弛，表现出有节奏地蠕动，完成搅拌内容物的功能。网胃协调牛的反刍，能使瘤胃食物倒流回食道，并将瘤胃内容物送入瓣胃，瓣胃的主要功能是对食物进一步研磨，然后送入皱胃。肉牛的皱胃又叫真胃，皱胃的作用与单胃动物的胃相似，肠道的功能与单胃动物也相似，具有进一步消化吸收食物营养的作用。

18 粗饲料的特点是什么？

粗饲料是指天然水分＜45%，干物质中粗纤维含量＞18%的饲料，它们是饲养牛的一类经济性高的饲料，其特点有：

①来源广，成本低。粗饲料是肉牛最主要、最廉价的饲料。在牧区，有广阔的草原牧场提供饲草；在农区，每年有数亿吨的作物秸秆可利用，野草也随处可获。除栽培牧草和草原牧场改良需要一定投资外，干草的晒制和秸秆的利用并无多少投入，故深受农牧民的欢迎。

②营养价值低。粗饲料的蛋白质等营养素含量一般较低，品质亦较差。以粗蛋白质含量比较，豆科干草优于禾本科干草，干草优于农作物副产品；有的作物秧、

蔓、藤及树叶与干草相当；作物的荚、壳略高于禾本科秸秆，以禾本科秸秆最低。

③粗纤维含量高，适口性差，消化率低。粗饲料的质地一般较硬，粗纤维含量高，适口性差，因此家畜对此类饲料的利用有限。但由于粗饲料容积较大，质地粗硬，对家畜肠胃有一定的刺激作用，对肉牛而言，这种刺激有利于其正常反刍，是饲养过程中不可缺少的一类饲料。

19 青干草的营养价值如何？

青干草的营养价值与原料种类、环境气候、生长阶段、调制方法等因素有关。干草粗蛋白含量变化较大，平均在7%～17%，个别豆科牧草可以高达20%以上。粗纤维含量高，在20%～35%，但其中纤维的消化率较高。此外，干草中矿物元素含量丰富，一些豆科牧草中的钙含量超过1%，足以满足一般家畜需要，禾本科牧草中的钙也比谷类籽实高。维生素D含量可达到每千克16～150毫克，胡萝卜素含量每千克为5～40毫克。

20 怎样晒制青干草？

青干草的晒制一般采用平铺晒干与小堆晒干（草架晾晒）相结合的方法：先平铺暴晒，为了使植物细胞迅速死亡，停止呼吸，减少营养物质的损失，将收割后的鲜草，先进行薄层平铺暴晒4～5个小时，使鲜草中的水分迅速蒸发，当水分降到40%左右时，就应改为小堆晒制或草架晾晒，将平铺地面的半干的青草堆成小堆或扎捆挂在草架上，小堆要求高约1米，直径1.5米，重约50千克，继续晾晒4～5天。

21 怎样氨化处理秸秆饲料？

秸秆的氨化是提高其利用率的一种办法，常采用堆垛法和池窖法，具体操作如下：

(1)堆垛法　第一步堆垛：选择背风、向阳、地势高燥、平整的地方铺上一块无毒的聚乙烯薄膜，有条件的最好建立永久性水泥场以节省塑料薄膜，然后秸秆堆成垛。秸秆堆垛分两种形式，一是打捆草垛，一是散草垛。打捆草垛较散草垛更好些。在堆垛以前，对一些粗硬的秸秆切碎，这样既便于饲喂，也减少氨化膜和秸秆刺破塑料薄膜的危险。第二步水分调节：收获后的风干秸秆含水量一般在12%～

15%，而液氨氨化最适易水分含量不应低于20%，因此，在堆垛过程中要少施一些水，将秸秆含水量调整到20%以上。第三步密封：这是决定氨化效果好坏的关键措施之一。垛好后用无毒聚乙烯塑料薄膜盖严，四周边缘要与底部垫底的塑料薄膜相重合，然后用沙袋或泥土压紧踏实。第四步注氨：在距地面0.5米处插入氨枪达垛的中心，缓慢地拧开氨瓶的下阀门，注入相当于秸秆干物质重量3%的液氨，立即关闭氨瓶阀门，待4～5分钟后拔出氨枪，最后用胶纸把罩膜的注氨孔封好，或用绳子将氨孔扎紧。垛堆过大时，注氨可分4次在四个不同方向进入，但要注意均匀。见图16。

图16　堆垛氨化秸秆

(2)池法　第一步砌池：池的大小根据饲养家畜的种类和数量而定，一般每立方米池(窖)装切碎的风干秸秆(麦秸、稻秸、玉米秸)150千克左右，一头200千克的牛，年需氨化秸秆1.5～2吨，池的形式多种多样，有地上池、地下池，还有半地下池。使用较多的是双联池，即在池的中间砌一隔墙可轮换处理秸秆。第二步备料：先将玉米秸切成3～5厘米长，用一固定的装池窖容器，如草筐可称量秸秆，再算出秸秆的总重量。第三步溶解尿素：先按每100千克风干秸秆用5千克尿素的比例，称出所需尿素的重量，然后在相当秸秆总重量60%的水中充分溶解，搅匀待用。第四步装池：一种方法是干池前先将已溶解好的尿素溶液均匀地喷在摊开的秸秆上，然后装池；另一种办法是向池中一层一层的装入秸秆，层层喷洒尿素溶液，但不论采用哪种办法，都必须边装边踩实。一般要装得高出地面40厘米以上。第五步密封：池子装满踩实后，用塑料膜覆盖严密，上面覆土，四周边缘用土封严踏实。见图17。

图17　仓储法氨化秸秆(引自牛羊生产学)

22 秸秆的营养价值如何？

秸秆是农区产量非常高的一种农副产品，常见的有玉米秸、稻草和麦秸等。它们的营养价值如下：

(1)粗纤维含量高　秸秆饲料粗纤维含量较多，尤其是含有相当数量的木质素和硅酸盐，木质素一般为12%～65%。这些物质不仅不能被家畜利用，相反，由于它们的存在反而影响其他营养物质的消化利用，从而降低了整个饲料的饲用价值。由于秸秆中粗纤维、无氮浸出物和含水量较高(80%以上)，所以秸秆的营养价值主要取决于这些复杂碳水化合物的消化程度。

(2)蛋白质含量很少　各种秸秆饲料的粗蛋白质含量均较低，豆科秸秆的粗蛋白质含量为5%～9%，禾本科秸秆为3%～5%。一般要求反刍家畜饲料蛋白质含量不应低于8%，而绝大多数秸秆的粗蛋白质含量都低于8%，不能为瘤胃微生物的迅速生长繁殖提供充足的氮源，光喂秸秆饲料，满足不了机体对蛋白质的需求。

(3)粗灰分含量较高　秸秆中粗灰分含量一般较高，如玉米秸的粗灰分含量为9.8%左右，稻草的粗灰分含量可高达17%以上，这些粗灰分中硅酸盐占的比重很大，对家畜不但没有营养价值，而且影响钙和其他营养成分的消化利用。秸秆中对动物有营养价值的钙、磷元素含量较低，并且比例不适宜，不能满足家畜的需要。

(4)缺乏维生素　秸秆中缺乏许多家畜生长所必需的维生素。

23 秕壳类、荚壳类、藤蔓类饲料营养价值如何？

秕壳是指农作物种子脱粒或清理种子时的残余副产品，包括种子的外壳和颖片等，如砻糠(即稻谷壳)、麦壳，也包括二类糠麸如统糠、清糠、三七糠和糠饼等。与其同种作物的秸秆相比，秕壳的蛋白质和矿物质含量较高，而粗纤维含量较低。禾谷类荚壳中，谷壳含蛋白质和无氮浸出物较多，含粗纤维较低，营养价值仅次于豆荚。但秕壳的质地坚硬、粗糙，且含有较多泥砂，甚至有的秕壳还含有芒刺。因此，秕壳的适口性很差，大量饲喂很容易引起动物消化道功能障碍，应该严格限制喂量。

荚壳类饲料是指豆科作物种籽的外皮、荚皮，主要有大豆荚皮、蚕豆荚皮、豌豆荚皮和绿豆荚皮等。与秕壳类饲料相比，此类饲料的粗蛋白质含量和营养价值相对较高，对牛、羊的适口性也较好。

藤蔓主要包括甘薯藤、冬瓜藤、南瓜藤、西瓜藤、黄瓜藤等藤蔓类植物的茎叶。其中甘薯藤是常用的藤蔓饲料，具有相对较高的营养价值。

24 谷物饲料有哪些营养特点?

谷物饲料的特点有以下几种:

①无氮浸出物(NFE)占干物质70%～80%,主要是淀粉,它是谷物籽实饲料的最主要养分。淀粉分为直链淀粉和支链淀粉。谷物籽实种类不同,两种淀粉的比例不同。一般直链淀粉占20%～25%,支链淀粉占75%～80%。另一方面,谷物籽实饲料粗纤维含量低,一般在3%以下,所以消化率高。

②蛋白质含量低,一般在8%～12%,蛋白质中品质较高的清蛋白和球蛋白含量低,而品质较差的谷蛋白和醇溶蛋白含量高,所以蛋白质品质差,赖氨酸、色氨酸和苏氨酸含量较低,第一限制性氨基酸几乎都是赖氨酸。

③脂肪含量一般在2%～4%,燕麦脂肪含量较高,达到5%,麦类较低,一般<2%。

④矿物质组成不平衡,钙少(<0.1%)磷多(0.3%～0.5%),但主要是植酸磷。

⑤维生素含量低,且组成不平衡,维生素B_1和维生素E含量较丰富,除黄玉米含有较高的胡萝卜素外,普遍缺乏胡萝卜素和维生素D。

25 粗蛋白、真蛋白和非蛋白氮有什么区别?

粗蛋白质是常规饲料分析中用以估计饲料、动物组织或动物排泄物中一切含氮物质的指标,它包括了真蛋白质和非蛋白质含氮物两部分。常规饲料分析测定粗蛋白质,是用凯氏定氮法测出饲料样品中的氮含量后,用N%×6.25计算粗蛋白质含量。真蛋白质是由一条或多条多肽链组成的生物大分子,每一条多肽链有20至数百个氨基酸残基不等。非蛋白氮指饲料中蛋白质以外的含氮化合物的总称。

26 蛋白质饲料的特点是什么?

蛋白质饲料种类很多,用于牛生产上的主要是植物性蛋白质饲料。它们的营养特点有:

①蛋白含量高,除干乳制品和骨肉粉蛋白含量为27.8%～30.1%外,其他都在50%以上,而且品质大多都特别好,富含各种必需氨基酸,特别是植物性饲料缺

乏的赖氨酸、蛋氨酸和色氨酸都比较多。

②这类饲料含无氮浸出物特别少(干乳制品除外),粗纤维几乎等于零,有些脂肪含量高,加之蛋白含量又高,所以它们的能值高,其能值仅次于油脂。

③灰分含量高,钙、磷丰富,且比例良好,利于牛对它们的吸收利用,同时还含有丰富的维生素。

④蛋白质饲料含量高,营养丰富,利于牛对它们的吸收利用,此外,这类饲料还有一种特殊的营养作用,即含有一种未知的生长因子,它能促进奶牛提高营养物质的利用率,不同程度地刺激生长和繁殖,是其他营养物质所不能代替的。

27 为什么养牛不能用动物性饲料?

养牛不能用动物性饲料是为了预防“疯牛病”的发生。我国政府明确规定,禁止在反刍动物饲料中使用动物源性饲料产品。牛海绵状脑病,俗称“疯牛病”,它的传播主要是通过饲喂感染疯牛病病毒的牛肉骨粉制成的饲料造成的。食用感染疯牛病病毒牛肉能够导致人类患类似病症,即新型克雅氏症。到目前为止,世界上尚无任何治疗疯牛病的有效药物。因此,世界各国政府禁止在反刍动物饲料中使用动物源性饲料产品。

28 为什么牛能利用尿素?

尿素是一种非蛋白质的简单含氮化合物,一般作化肥用的尿素含氮量在46%左右。如果这些氮全部被牛瘤胃中的微生物合成,则1千克尿素可相当于2.6~2.8千克蛋白质。牛是反刍家畜,其胃特殊的生理结构决定了牛能利用非蛋白氮。瘤胃中有大量的微生物,当牛从饲料中获得尿素后,在瘤胃微生物分泌的尿素酶的作用下,先分解尿素产生氨,然后瘤胃微生物利用所产生的氨和饲料中的多糖合成菌体蛋白质,这些菌体蛋白质进入牛的皱胃和小肠,被畜体消化吸收利用。而微生物蛋白质丰富了畜体所吸收的氨基酸的数量和种类,使牛的蛋白质营养得到了改善。

29 怎样给牛安全合理地饲喂尿素?

牛是反刍动物,它们能有效利用尿素这类非蛋白氮,在饲养中需要科学地饲喂，否则会造成氨中毒。

(1)饲喂方法

①尿素与谷物精饲料均匀混合饲喂，或把混合有尿素的精饲料与粗饲料或与轻工业副产品果渣、甜菜渣等混合均匀饲喂。尿素用量为0.1%～0.2%。

②直接把尿素与青干草混拌，或尿素用水溶解后喷洒在青干草上饲喂；也可将尿素用水溶解后喷洒在干秸秆上封存14～20天后再饲喂。尿素用量为0.1%～0.2%。

③用0.1%～0.2%的尿素与玉米、糖浆混合成液状饲料饲喂。

④添加尿素制作青贮饲料饲喂。尿素的添加量一般为青贮物的0.2%～0.5%；或将尿素3.4～4千克、硫酸铵1.5～2千克，分别配成水溶液，掺入1吨青贮物青贮，这样能增加青贮物中的硫元素，并能减少尿素的用量，降低成本。

⑤制成尿素舔食砖舔喂，一般市场上都有出售。

(2)注意事项

①尿素不能直接喂，不能饮用，不能单独饲喂，也不能空腹饲喂。一天的喂量不能一次喂给，而应该分次喂给，分2～3次将定量尿素溶于水中，然后拌入精料中喂牛。尿素喂后2小时内不能饮水。

②犊牛由于瘤胃尚未发育完全，瘤胃内缺乏微生物，所以不能给犊牛舔喂尿素。

③严格尿素饲喂量。一般认为尿素最大喂量为每千克体重0.3～0.4克，超过0.4克/千克体重用量的，则可以引起牛只中毒；尿素含量超过日粮0.3%时，则饲料适口性下降，而牛的采食量降低，进而影响增重和泌乳。

④尿素要连续饲喂，并且喂量开始由少到适量增量，因为牛体与瘤胃微生物对尿素都有一个适应过程，因而连续饲喂的效果好。

⑤合理配制牛的日粮。在添加尿素的饲料中粗蛋白质含量应该在5%～12%，低于5%或高于12%日粮粗蛋白质水平效果都不好，前者总氮量不能满足牛羊需要，后者的尿素利用率低。

⑥在牛只过度饥饿、长途运输后不能立即喂含尿素的饲料。

30 怎样根据牛类型进行育肥？

(1)牛品种和育肥技术　牛按生产性能可分为肉用牛、役用牛、乳用牛，肉乳兼用、肉役兼用等品种。采用育肥技术、制定饲料配方和日采食量时应有所区别。

(2)牛体型和育肥技术　牛体型包括大体型、中体型和小体型。不同体型的牛,在育肥期应有不同的育肥方法。

(3)牛体成熟和育肥技术　牛分为早熟型和晚熟型,早熟型牛的体重为400～500千克,晚熟型牛的体重为600～700千克,早熟型品种牛较适合直线育肥法,而晚熟型品种较适合分阶段育肥法。

(4)纯种牛和杂交牛　有效地杂交组合产生的杂交牛。具有杂交优势,其生产能力要高于纯种牛(亲本),同样的饲料饲喂量,杂交牛的日增重要高于其亲本。选择育肥牛饲料配方,确定饲料饲喂量时,要考虑纯种牛和杂交牛的不同。

31 牛年龄和育肥有什么关系?

在相同饲养条件下,肉牛的增重速度、饲料转化率、大理石花纹等级及眼肌面积均以3岁以下为好。随着年龄的增长,虽然屠宰率略微见增加,但肉的品质下降,饲养效果降低。

(1)年龄对肉牛增重速度的影响　年龄对增重速度的影响可分两种情况:一是生长与育肥同时进行,即采用的是持续育肥法,增重速度会随年龄的增加而渐减,第二年的增重量只有第一年的70%左右;二是生长与育肥分期进行,即采用的是后期集中育肥法。这种情况下,前期以青粗饲料为主进行“吊架子”,故增重速度较慢,进入肥育阶段后,在高营养水平的影响下,生长速度较快。体况较瘦的不同年龄的“架子牛”,在舍饲条件下进行充分育肥时,年龄较大的牛,因其胃容量较大而比年轻牛采食量大,因此,增重亦快于年轻牛。

(2)年龄对增重经济效益的影响　一般情况下,年龄小的牛增重1千克活重需要的饲料量比年龄大的牛要少,故年龄小的牛增重经济效益好于年龄大的牛。主要原因是:第一,年龄小的牛维持需要较少;第二,年龄小的牛体重增加主要是肌肉、骨骼和内脏器官,年龄大的牛体重增加大部分是脂肪,从饲料转化为脂肪的效率大大低于肌肉和内脏等,年龄小的牛机体含水量高于年龄大的牛。

(3)年龄对饲养期的影响　年龄小的牛每天消耗饲料少,但饲养期长;而年龄大的牛,采食量大,饲养期短。

(4)对放牧效果的影响　放牧时年龄较小的牛,其增重速度低于年龄较大的牛,因此大牛放牧育肥的效果较好,而小牛则不理想。原因是小牛的胃容量及消化能力小于大牛。

(5)对投资效果的影响　从投资方面考虑,饲养1～2岁的牛比犊牛效果好,因为尽管购牛费用较犊牛高，但 1～2 岁牛具有育肥期较短，育肥期间年消耗的精料占饲料消耗总量的比例小，以及资金周转快等优点，这就决定了购买 1～2 岁的牛育肥比购买犊牛育肥的投资效果好。

总之，购买牛时，对年龄要慎重考虑。当计划采用快速肥育法(饲喂 3～4 个月便出售)时，则应选购一两岁的架子牛而不宜选购犊牛；计划越冬后第二年出栏时，则应选 1 岁左右的牛，而不宜选购大牛，因在冬季大牛用于维持需要的饲料太多，饲料报酬太低；当需要利用大量粗饲料、少量的精料时，即采用低精料长周期饲养制度时，选购两岁牛(粗饲料利用能力强)较犊牛有利。可见，选购育肥牛时，把年龄和饲料效益、经济效益紧密结合在一起考虑是很有必要的。

32 牛年龄大小对胴体品质有什么影响？

牛胴体脂肪和瘦肉的比例，因年龄不同而异。一般的规律是牛年龄越大，牛的胴体品质越差。我国黄牛的胴体品质在 2～3 岁阶段最好。

黄牛随育肥时间延长，牛体内脂肪量逐渐增加。据测定，1～13 月龄的牛脂肪比例小，14 月龄以后，脂肪沉积量和沉积速度明显增加，到 24 月龄时，牛体的脂肪量占胴体的百分率为 8 月龄牛的 3 倍多。同时，瘦肉占胴体的百分率却逐渐下降，16 月龄时瘦肉量占胴体重量的 60%，而到 24 月龄时，瘦肉量只占胴体重量的 56%。

33 怎样根据育肥前牛的体膘决定育肥技术？

黄牛因根据体膘情况采用不同的饲料配方和饲喂方法。体膘较好的牛，要求营养水平较高一些。若采用低营养水平饲料，增重不理想，饲料利用效率也很差；对育肥初期体膘一般的牛。要求营养水平中等偏上，能获得较高的日增重和较好的饲料报酬。膘情不好的牛，育肥开始阶段要用中营养水平日粮过渡，一旦食欲正常，体质恢复后，即可用营养水平较高的日粮饲喂。有的牛在过渡饲养期中食欲无改进、体况恢复也不好，应尽早淘汰。

34 育肥牛饲料种类有哪些？

用于肥育牛的饲料种类很多，但是各种饲料按其组成可分为水和干物质两大类。按照饲料的营养成分含量及功能,常常把饲料分为能量饲料、蛋白质饲料、粗饲料、青饲料、青(黄)贮饲料、酒糟饲料、粉渣饲料、矿物质饲料、维生素、各种添加剂饲料等多种。

35 如何对育肥牛体重进行选择?

肥育牛体重以150～400千克为好。原因是:①生产高档牛肉时,较小体重开始育肥容易获得。②两地的牛价差额较大时,选择大体重架子牛能获得较大的利润。③饲养技术水平一般化的养牛户,饲养大体重的架子牛为好。④资金短缺的养牛户饲养大体重架子牛较好。⑤饲养大体重的架子牛,资金周转快,但利润较小。⑥以中档牛肉为主产目标时可饲养大体重架子牛。

36 饲料营养水平对育肥牛增重有什么影响?

适当的营养水平是提高肉牛育肥效益的基础,日粮中的精粗饲料的比例直接影响肉牛的增重效果。日粮中精饲料比例越大,肉牛增重效果明显,但随着日粮中精饲料比例的提高,会导致瘤胃pH的下降,而瘤胃pH的下降会使纤维分解酶的活性下降,从而会使牛对粗饲料的利用率下降。如果日粮中精饲料水平低,又会延长肉牛育肥期,增重效果不理想,牛肉品质下降。因此生产中要掌握好肉牛日粮中的精粗饲料比,供给适宜的营养水平,对获得好的增重速度、提高饲料利用率、获得好品质的牛肉具有重要作用。建议肉牛育肥期的精饲料在整个日粮中的比例可由40%基础上每30天左右增加10%的精饲料量,逐渐加到75%～80%直至出栏上市,可获得好的育肥效果。

37 育肥牛最后出栏重和牛肉品质有什么关系?

同一品种内,牛肉品质和出栏体重有非常密切的关系。出栏体重小的牛,牛肉品质往往不如出栏体重大的牛。通常大理石花纹的数量,随肉牛出栏体重的增加而数量增多。一般肉块大理石纹形成的规律是:12月龄以前花纹没有形成,15～24月龄期间,花纹逐步增加;30月龄以后,花纹虽有增加,但肌纤维变粗,肉质开始下降。衡量肉质另一指标是牛肉嫩度,随着月龄增加,牛肉嫩度变差。因此,体重相同,年龄小一些的牛肉质品质要好一些。目前,我国的良种黄牛及其杂交种的出栏体重以550千克为宜，屠宰月龄控制在30月龄内；小型黄牛的出栏体重以400～450千克为宜，屠宰月龄控制在24月龄内。

38 牛年龄和大理石花纹（牛肉等级）有什么关系？

大理石花纹是评定牛肉等级的术语，一般随着牛年龄的增加，肉块大理石花纹的等级也随之提高。12月龄以前的牛（利木赞牛除外）大理石花纹等级很低。甚至不显示大理石花纹，12～24月龄期间，大理石花纹迅速增多，30月龄以后，大理石花纹的变化就很微小。

利木赞牛和以其为父本的杂交阉公牛大理石花纹的出现早于其他品种，利木赞纯种牛8月龄开始就显示大理石花纹，我国秦川牛、晋南阉公牛在24～27月龄时（中等营养水平）大理石花纹表现非常理想。

39 什么是大理石花纹？

大理石花纹是评定牛肉等级的术语，是牛肉肌纤维中的脂肪，形成一种白色大理石纹状分布，称之为牛肉大理石花纹。生产中测定时是取牛外脊（背最长肌）第12～13肋骨处，横切外脊，观察横切面内肌肉与脂肪的交杂程度，一般来说大理石花纹越多越丰富，表明牛肉越嫩，品质越好，价格也越高，世界上最好的牛肉是产自日本的雪花牛肉。大理石花纹丰富的牛肉含有大量人体所需的脂肪酸。见图18。

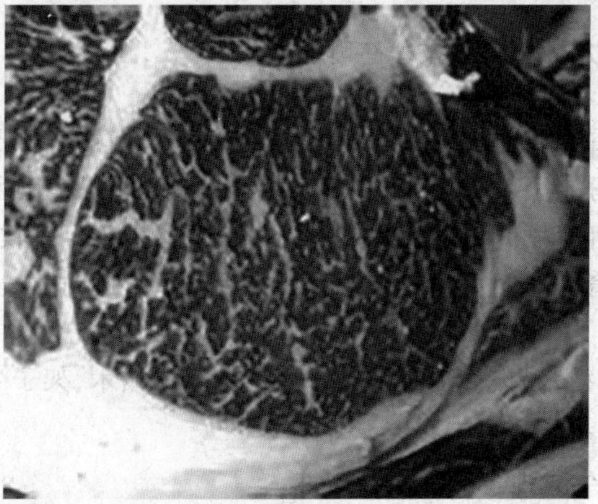

图18　牛肉大理石花纹（引自王之胜《牛羊生产》）

40 大理石花纹等级是怎么样划分的？

牛肉大理石纹等级划分是依据在同一部位，就是牛胸肋第12～13处背最长肌横切面内，脂肪沉积量的多少而分为若干级。我国科技工作者把牛肉的大理石纹等级分为6级，1级最好，6级最差；美国把牛肉大理石纹分为特级、优级、良级、中等级、可利用级、差级、等外级、劣等级8个级别；日本则分为12个等级(12为最好，1为最差)。

41 牛肉和大理石花纹有什么关系？

①牛肉大理石花纹是决定牛肉等级优劣的重要指标，也是决定牛肉价格高低的重要依据，牛肉大理石纹丰富的牛肉等级高，售价高，大理石纹差的牛肉，等级低，价格也低。

②牛肉大理石纹丰富，牛肉多汁，松软，味美；牛肉大理石纹不丰富，牛肉汁少，干硬。

③牛肉大理石纹丰富，牛肉口味浓，口感好；牛肉大理石纹不丰富，牛肉口感差，无牛肉味。

④牛肉大理石纹丰富，牛肉嫩度好、鲜嫩易嚼；牛肉大理石纹不丰富，牛肉粗老，不易嚼碎、塞牙。

42 肉牛育肥方式和育肥技术有哪些？

肉牛育肥方式的划分方法很多，按牛的年龄可分为犊牛育肥、幼牛育肥和成年牛育肥；按性别可分为公牛育肥、母牛育肥和阉牛育肥；按育肥所采用的饲料种类分为干草育肥、秸秆育肥和糟渣育肥等；按饲养方式可分为放牧育肥、半舍半牧育肥和舍饲育肥；按育肥时间可分为持续育肥和吊架子育肥；按营养水平可分为一般育肥和强度育肥。

肉牛常用育肥技术有犊牛育肥技术、成年牛育肥技术、架子牛育肥技术。

43 什么是肉牛异地育肥？

肉牛异地育肥是指在甲地繁殖并培育犊牛，在乙地进行架子牛育肥，发挥各自优势。肉牛异地育肥时要严格挑选架子牛(包括品种、年龄、体质、体重、健康状况等);加强运输途中的管理,减少掉膘和伤亡损失,缩短架子牛到达育肥场后的过渡饲养,10～15 天后便进入育肥期,进行有效的育肥(应用强度育肥技术);适度规模经营及时出栏上市或屠宰,灵活掌握并运用架子牛买卖差额规律。

44 什么是一般育肥和强度育肥?

一般育肥是指生产普通牛肉,强度育肥前的过渡阶段或等待市场价格时才采用。在肉牛的一般育肥阶段,日粮的营养水平中等偏下,管理较粗放,生产成本较低,适合刚刚从事肉牛育肥的人。强度育肥法多运用于生产高档、优质牛肉,要求肉牛在规定时间内达到预期的体重,日粮营养水平较高。

45 育肥牛什么时候出栏最佳?

判断育肥牛是否已经达到出栏上市最佳时期,一般可以从以下几个方面综合判断:

(1) 从育肥牛的采食量来判断　正常育肥中,到了育肥后期肉牛随着育肥日龄增加而采食量下降,如果下降量达到正常量的 10%～20%,即可出栏。

(2)从育肥牛体形外貌来判断　肉牛育肥充分时,全身肌肉丰满,看不到骨头;牛的背部平宽而厚实;牛尾根两侧可以看到明显的脂肪突起;牛的臀部丰满平坦,圆形而突出;牛胸前端非常丰满,圆而大,并且突出明显;牛阴囊周围脂肪沉积明显,牛体积大、体态臃肿,行动缓慢,四肢高度张开,不愿活动,显得安静,卧下后不愿起来。

(3)用手摸　用手指摸牛背部、腰部感觉厚实,柔软有弹性;用手指捻摸牛长肋部位牛皮,感到厚实,大拇指和食指很难将牛皮捻住;手摸尾根两侧柔软,充满脂肪;用手握牛肘部牛皮时感觉厚实,大拇指和食指不易将牛皮捻住。

(4)市场判断　如果牛的育肥已有一段较长的时间,或接近预定的育肥结束期,而又赶上节假日牛肉旺销、价格较高,果断地结束育肥,可获取较好的经济效益。

46 皮下脂肪沉积和哪些因素有关?

①育肥牛性别:阉公牛育肥比公牛育肥时脂肪沉积速度快、数量多。②育肥牛

日粮浓度：日粮浓度高时，脂肪沉积速度快、数量多。③育肥牛年龄：壮年、老年牛育肥时比小年龄牛育肥时脂肪沉积速度快。④育肥牛日采食量：育肥牛采食量大时脂肪沉积速度快、数量多。⑤育肥牛环境条件：育肥牛在7～27℃时增重好，脂肪沉积量多。⑥育肥时间长短：育肥时间长，脂肪沉积多，育肥时间短，脂肪沉积少。⑦育肥牛品种：我国黄牛脂肪沉积速度较杂交牛速度快，数量多。

47 公牛育肥为什么要去势？

虽然从生长速度来看，在相同育肥条件下公牛生长速度大于阉牛，饲料利用效率公牛较阉牛也有所提高。

但从屠宰率、牛肉大理石花纹等级、牛肉嫩度、牛胴体脂肪沉积量等方面比较，阉公牛育肥后的屠宰率高于公牛，阉牛的牛肉大理石花纹等级比公牛的等级高，阉牛育肥后的牛肉肉质嫩，胴体脂肪含量高于育肥公牛，综合评定下来，阉公牛育肥效果好于公牛育肥。因此生产中公牛常阉割后进行育肥。

48 阉公牛育肥和母牛育肥有什么区别？

①母牛育肥时沉积脂肪的能力高于阉牛，饲料消耗量少于阉牛。

②相同育肥条件下阉牛增重速度高于母牛。

③母牛育肥时肌纤维细，结缔组织少，肉味好，而阉牛胴体则有很多脂肪。

49 育肥牛每日采食多少次？

在自由采食条件下，育肥牛每日采食次数为9～13次，其中白天8～10次，夜间1～3次。育肥牛每日采食饲料的次数受饲料质量、日粮中精饲料比例、日粮含水量、饮水量等影响。在限制饲喂制度下，肉牛应每日喂料至少3次，以保证育肥牛达到良好日增重。

50 育肥牛每日采食量是多大？

育肥牛每日采食量是指育肥牛24小时内采食所有饲料的总量。计算育肥牛的采食量可以一天的任何时候为起点，24小时后为终点。

育肥牛每日粗料的供给，可以根据肉牛自身体重计算，一般每日粗料占到肉牛自身体重的2.5%即可，比如200千克的肉牛每天需要5千克粗饲料，300千克的牛，每天需要7.5千克粗饲料来满足肉牛正常的粗料需求。

肉牛每天需要精饲料采食量可按占肉牛体重的0.7%～1.0%供给，比如250千克的牛每天供给2.5千克混合精饲料，400千克的肉牛每天需要精饲料4千克左右。

51 什么是自由采食和限制采食？

自由采食、限制采食是饲养业中对饲喂方式的分类。

将配制的日粮投入饲料槽，昼夜不断，牛饲槽内24小时有饲料，每头牛在任何时间内都能采食到饲料，这种饲喂方式称为自由采食。此法可围栏饲养，也可拴系饲养。

按牛不同体重阶段生长和育肥所需营养物质，配制符合营养需要的日粮，每日限定饲喂时间、次数、给量，称之为限制采食，一般每日喂牛2次，而且是拴系饲养；自由采食的育肥牛的日增重、屠宰率、净肉率都比限制采食牛的高，同时自由采食在降低饲养成本、提高养牛经济效益等方面有显著作用。

52 育肥牛的最佳育肥年龄是多大？

一般情况下牛的年龄越大，增重速度越慢，饲料报酬越低。肉牛在出生第一年增重最快；第二年增重仅为第一年增重的70%；第三年增重仅为第二年增重的50%。国外一般肉牛多在1.5岁左右屠宰，最迟不超过2岁。根据各地经验，我国地方品种牛成熟较晚，一般1.5～2岁增重较快，故在2岁左右屠宰。由此可见1～2岁的牛最适宜育肥。

53 如何做好肉母牛妊娠阶段的饲养管理？

母牛妊娠阶段的饲养管理要点是保持母牛适宜体况，做好保胎防流产工作。

(1)饲养　妊娠前期：从母牛受胎到怀孕26周。此阶段一般按空怀母牛进行饲养，以优质青粗饲料为主，适当搭配少量精饲料，如果有玉米青贮或青草供应，可以不喂精饲料。每天饲喂2～3次。

妊娠后期：从母牛怀孕27～38周龄。此阶段母牛以青粗饲料为主，搭配适量精饲料。精饲料饲喂量多少应根据母牛的体况和粗饲料的质量来确定。如果饲喂全株青贮玉米或豆科和禾本科的混合牧草，基本上不需要饲喂精饲料。此阶段母牛要自由饮水，水温应在12～14℃。

（2）管理　妊娠母牛应保持中上等体况即可，不宜过肥。此阶段应控制棉籽饼、菜籽饼、酒糟等饲料的饲喂量。判断母牛的膘情简易方法是看肋骨的显露程度，具体操作是在离牛1～1.5米处观察，看不到肋骨说明母牛偏肥；能看到3根肋骨说明膘情适当；看到4根以上肋骨说明偏瘦。

做好保胎防流产工作，防止母牛早产。妊娠后期母牛应做到单独组群饲养，避免撞击腹部，雨天不放牧。不喂发霉变质饲料和霜冻饲料，不饮带冰碴的水。吃饱喝足后不驱赶，每天让其自由活动3～4小时。

54 怎样培育肉用犊牛？

（1）给犊牛尽早哺喂初乳，吃足初乳　犊牛生后可以随母哺乳或几头犊牛由一头泌乳牛代哺，以及采用人工哺乳等哺乳方式都可以。犊牛生后30～60分钟，能站立就能哺乳。不管采用哪种方式育犊，都必须坚持让犊牛吃上一周的初乳。如果给犊牛人工哺乳，第一次初乳量不可低于1千克，其后每天喂量为体重的1/7～1/6，每日喂3～5次；对冷凉初乳，要用水浴加温至35～38℃。如母牛产后患病或死亡，可用同期分娩母牛的初乳，或冷藏的初乳。如果没有初乳，用常乳加20毫升鱼肝油，50毫升植物油和250毫升土霉素连喂5天，而后土霉素降至125毫克。

（2）给犊牛提早补饲　一般情况下，犊牛生后7天左右，开始训练它采食干草，自由采食，以促进犊牛胃的尽早发育。出生后10～15天开始训练犊牛采食精料，一般是由蛋白质和易消化的能量饲料，并添加维生素和矿物质混合均匀制成干粉料或煮成粥料饲喂。犊牛精饲料的参考配方：以干草为主时，玉米占50%～55%，麸皮10%～15%，豆饼25%～35%，石粉2%，食盐1%，维生素A 1万～2万IU/千克。开始每日每头饲喂干粉料10～20克，以后逐渐增加日喂量，到1月龄时，每天可采食150～300克，2月龄时可采食500～700克，3月龄时可采食750～1 000克。或者开始煮成稀粥料，待犊牛适应后，改为湿拌料。青绿多汁饲料如胡萝卜等，在犊牛20日龄时开始补喂，每天先喂20克，到2月龄时可增加到1～1.5千克，3月龄为2～3千克。犊牛在2月龄时开始补喂青贮饲料，开始每天100～150克，3月龄时1.5～2千克，4～6月龄时达到4～5千克，注意发霉变质的饲料不要饲喂。

（3）给犊牛适时断乳　犊牛随母哺育时，传统断奶时间一般为6～7月龄。但现在随着饲养技术的提高，可以让犊牛在3～4月龄时能采食0.5～0.75千克开食料，即可断奶。对于体质较弱的犊牛，可适当延长哺乳时间，增加哺乳量。

(4)小公牛去势　要育肥的小公牛在3～5月龄去势，去势后的小公牛育肥效果好，肉质比没有去势的公牛肉好。

(5)运动和光照　对于舍饲的犊牛要保证牛每天都有适当的户外运动和接受光照时间，这样既可以促进犊牛健康生长发育，又可以促进犊牛体内钙、磷的沉积，有利于犊牛骨骼的生长。对于放牧的犊牛来说每天跟牛群进行放牧就行。

(6)供给充足清洁饮水　在犊牛生后7天开始训练犊牛饮水，开始要有适当温度，10～15天以后逐渐转为常温饮水，需要保证饮水的清洁。

(7)刷拭　有条件的养殖户最好每天给犊牛用软毛刷刷拭身体1～2次，这样可以促进犊牛血液循环，保持牛体清洁，使犊牛温顺，有利于后期的饲养管理。

(8)平时做好疾病预防　犊牛发病主要是肺炎和下痢，多发生在1月龄以内的犊牛，病因主要是天气骤变和犊牛环境卫生不良，平时给犊牛做好环境保温和环境消毒，就可以预防犊牛肺炎和下痢。

55 肉用育成牛的饲养管理要点是什么？

(1)肉用育成牛的饲养

①断奶至12月龄的饲养。这时母牛正处于生理上最高生长速度时期，在良好的饲养条件下，日增重较高，母牛的性器官开始发育。这一阶段在饲养上应给予大量的优质牧草、干草、青贮饲料和多汁饲料，同时要求补饲一定量精饲料，根据牛体重大小和青粗饲料质量不同，每头牛每天用量为1.5～2.5千克。

②12～18月龄的饲养。这时育成牛消化器官的发育已接近成熟，又无妊娠和产乳的负担，如能采食到足够数量优质青粗料，即能满足牛的营养需要，如果粗料质量不佳时，可适当补喂精料。此阶段青粗料应占日粮干物质的70%～75%，混合精料占干物质的25%～30%，每日补饲精料2～3千克，可考虑在运动场饲槽放置干草、玉米秆、青贮等。

③18～24月龄的饲养。这时配种受胎，生长速度减慢，体躯向宽深方向发展，妊娠前期可仍按育成牛饲养，在分娩前2～3个月加强营养，以保证胎儿生长发育的需要。如果这一阶段营养过于丰富，容易在体内大量沉积脂肪，影响母牛的繁殖，失去利用价值。日粮应以品质优良的青干草、青贮饲料和多汁饲料等为基本饲料，少喂或不喂精料。在妊娠后期，每日补精料2～3千克。

(2)育成牛管理要点　对育成母牛，需要加强运动，在舍饲的条件下，每天要有2小时以上的驱走运动，放牧的育成牛正常放牧就行，有利于保持好的体质。

为了刺激乳腺发育，对12月龄至初配育成牛每天按摩乳房一次，每次3～5分钟，18～24月龄怀孕小母牛每天按摩2次，产前1～2日停止按摩。每次按摩时最好用热毛巾敷擦乳房。

运动可增强妊娠牛的食欲，促进消化，有益健康，对顺利产犊及产后恢复有很大的好处，因此妊娠母牛必须进行适度运动。在分娩前2周停止运动，有条件的应将牛移入产房单栏饲养。

56 不同年龄的牛如何育肥？

(1)架子牛育肥　一般公牛1～2岁，母牛2～3岁，开始育肥，该牛育肥期间正是肌肉和脂肪快速生长发育阶段，强化育肥与身体生长发育同步，因此育肥牛的肉质好，价值高，技术上可根据具体情况选择以精饲料为主育肥方式、前粗后精育肥方式的中后期给料标准和饲养管理方案。

(2)成龄牛育肥　公牛2～3岁，母牛3～6岁，开始育肥；该育肥牛体格发育已经结束，只是经过短期育肥增加肌肉和脂肪的重量。

(3)犊牛育肥　断奶犊牛体重为200～280千克开始育肥，育肥期330～360天，出栏重500～600千克，平均日增重0.8千克。犊牛育肥出栏快、肉质好，但育肥期长，育肥成本高，可以根据具体情况选择以精料为主、前粗后精的粗料为主的育肥方式中的任何一种方案。

(4)老龄淘汰牛育肥　一般年龄8岁以上、体重350千克以上开始育肥，育肥100天左右，出栏重450千克以上，平均日增重1.0千克。该育肥牛虽然肉质差，但增重一般较快。老龄淘汰牛经育肥可以提高其经济价值。育肥技术可选择前粗后精育肥方式的后期育肥方案。

57 新引进架子牛的饲养管理要点有哪些？

(1)提供清洁饮水　刚引进的架子牛，经过长时间、长距离的运输以及环境的改变，一般应激反应比较大，胃肠中食物少，体内失水严重。因此，首先应提供清洁的饮水，并在水中加适量的人工盐。但要防止牛暴饮，第一次限量，4小时后可以让牛自由饮水。

(2)保持环境安静，饲喂优质干草　要保持环境安静，防止惊吓，让其尽快适应育肥环境条件，然后让牛自由采食粗饲料，以干青草为宜，且每天每头补饲精饲料500克，与粗饲料拌匀后饲喂，由少到多，逐渐增加到1.5千克。

(3)驱虫、健胃　待架子牛适应新环境后，就要进行必需的驱虫与健胃工作，为后面的育肥打好基础。

58 肉牛的育肥方法有哪些？

(1)放牧加补饲持续育肥法　在牧草条件较好的地区，犊牛断奶后，以放牧为主，根据草场情况，适当补充精料或干草，使其在18月龄体重达400千克出栏上市。放牧时应做到合理分群，每群50头左右，分群轮放。放牧时要注意牛的休息和补盐。夏季防暑，狠抓秋膘。

(2)放牧—舍饲—放牧持续育肥法　此种育肥方法适应于9～11月出生的秋犊。犊牛出生后随母牛哺乳或人工哺乳，断奶后以喂粗饲料为主，进行冬季舍饲，自由采食青贮料或干草，日喂精料不超过2千克，到6月龄体重达到180千克，然后在优良牧草地放牧(此时正值4～10月份)，要求平均日增重保持0.8千克。到12月龄可达到325千克。转入舍饲，自由采食青贮料或青干草，日喂精料2～5千克，平均日增重0.9千克，到18月龄，体重达490千克，出栏上市。

(3)舍饲持续育肥法　采取舍饲持续育肥法首先制订生产计划，然后按阶段进行饲养。犊牛断奶后即进行舍饲持续育肥，犊牛的饲养取决于培育的强度和屠宰时的月龄，强度培育和12～15月龄屠宰时，需要提供较高的饲养水平，以使育肥牛的平均日增重在1千克以上。

(4)后期集中育肥法　对2岁左右未经育肥的或不够屠宰体况的牛，在较短时间内集中较多精料饲喂，让其增膘达到集中育肥目的。

59 如何生产小牛肉和小肥牛肉？

小牛肉指犊牛生后6～15个月内，在优饲条件下育肥至230～450千克时屠宰获得的牛肉，该牛肉肉质多汁，细嫩。小肥牛是指24个月龄，最多不超过30月龄以内的阉割小公牛或小母牛，经过强度催肥，活重达500千克以上屠宰获得的牛肉。其生产主要技术要求有：

(1)育肥牛的选择

①品种：我国目前条件下，常选择黑白花奶牛的公犊和肉用杂种幼牛为主。

②年龄：最好是经过夏洛莱、西门塔尔、利木赞等改良牛后代或哺完初乳的幼犊，架子牛应在20月龄以内为宜。

③性别：选择公牛或阉牛。

④体重:要求作为育肥幼犊体重不小于35千克,3月龄犊60～80千克,6月龄犊150千克以上,架子牛应300千克以上。

⑤健康状况:健康无病、无伤损。

⑥体形外貌:选择头方大,前管围粗壮蹄大、结构匀称。

(2)饲养管理技术　初生至2月龄喂给初乳和纯鲜奶,每日每头平均3～5千克;如不能补给初乳和常乳,可补给代乳品和人工乳。3月龄后转入育成犊标准日粮饲养。管理技术:犊牛阶段应严格控制饲料及饮水中的铁含量,水中铁含量少于0.5毫克/升、牛栏中地板采用漏缝地板;严格控制犊牛接触泥土,按计划喂人工代乳料,自由采食优质干草。

(3)育肥指标　①育肥结束年龄:180～450日龄,或450～720日龄。②育肥结束后体重:9～15月龄育肥的屠宰活重300～450千克,18～24月龄育肥牛屠宰活重500～600千克。③屠宰率指标:屠宰率要求达到55%～62%。④牛肉品质:小牛肉肉质呈淡粉红色、多汁,可以没有大理石花纹;小肥牛应有相应的大理石花纹。⑤胴体品质:胴体体表均匀覆盖一层白色脂肪或脂膜结构匀称,肌肉丰满。

60 怎样做好牛的安全运输工作?

(1)运输车辆选择与准备　尽量选择单层车而避免双层车。加装侧棚或顶棚,以避免风吹、雨淋、日晒。车辆护栏高度不低于1.4米。车厢内铺一层15～20厘米沙土,或均匀铺垫熏蒸消毒过的干草20～30厘米,或用草垫防滑。最好采用专业运牛车。另外车辆要做好消毒,先用水将车冲洗干净,再用1%的烧碱消毒,空置干燥12小时以上。

(2)人员、物品配备　由有经验的收购人员、兽医押运,并准备好饲草、饮水工具和麻绳等。所有运输车都应做好兽医卫生防疫检查,并具有当地兽医部门出具的防疫证明。

(3)合理装车　装车时,用自制钢架的装卸台,或用专业装牛台,装牛过程中忌对牛粗暴和鞭打。装车密度以半数牛能自由躺卧为宜。牛装车后可不拴系而自由活动,也可对牛适当固定,有长角牛只必须固定,以避免开车前和刹车时站立不稳而造成伤害。

(4)确定运输路线和科学选择调运季节　根据调运地点及道路状况,确定运输线路。车速不超过70千米/小时,匀速。转弯和停车均要先减速,避免急刹车。架子牛的调运以气温适宜的春秋季最佳,冬季调运要做好防寒,夏季气温高不宜调运。

(5)运输中做好检查　运输中每隔 2～3 小时应检查一次牛群状况，将趴卧的牛只及时扶起以防止牛只被踩伤，对于瘦弱喜卧的牛只用绳拴住两角，吊系在车后面的角落里，防止被踩压致死。在远途运输途中，应保证牛只每天饮水 3～4 次，每头牛每天采食 5 千克左右优质干草。

(6)途中疾病预防　在途中如有病牛滑倒扭伤、前胃迟缓、流产等，宜采用简单易操作的肌肉注射方式，以消炎、解热、镇痛为治疗方针，对特别严重的可注射 10%安钠咖 10～20 毫升，到达目的地后及时治疗。

(7)卸车　运输车辆到达目的地后，用装牛台卸车，打开出门让牛自行慢慢走下车，也可采用饲草诱导牛只下车，切忌粗暴赶打。不可选择水塘或污水沟附近卸车。

61 购牛时怎样运输才能避免或减缓牛的运输应激？

牛在运输时要尽量避免和减缓牛的应激反应，需注意从以下几个方面注意操作。

①在运输前 2～3 天开始，可以给每头牛每天口服或肌注维生素 A 25 万～100 万单位，运输前，每头牛肌肉注射 2.5%的氯丙嗪药剂，或每 100 千克的活重注射剂量为 1.7 毫升。

②在牛装运前的 3～4 小时，禁止饲喂具有轻泻作用的饲料，如青贮饲料、麸皮、新鲜青绿饲料等，以免造成牛腹泻、排尿过多污染牛体和车厢。

③装运前 2～3 小时，牛不能过量饮水。

④装运过程中切忌粗暴对待牛只。

⑤用汽车装运时，每头牛按体重大小占有的面积为：30 千克以下为 0.7～0.8 米^2；300～350 千克为 1.0～1.1 米^2；400 千克为 1.2 米^2；500 千克为 1.3～1.5 米^2。

62 购回的牛怎样进行隔离观察和饲草料过渡？

①新购回牛进场后应集中在单独圈舍进行健康观察和饲草料过渡 10～15 天，勤观察牛的采食、粪尿、反刍、精神状态，对于健康无病的牛进行防疫后转入大群。

②新购回牛进场后防止暴食、暴饮，第一次饮水量以 10～15 千克为宜，可加人工盐，每头 100 克；第二次饮水在第一次饮水后 3～4 个小时进行，饮水时，水中可加些麸皮。

③做好饲草料过渡。首先饲喂秸秆、青干草、青贮饲料，每头每天 8～10 千克；第五天、第六天可以自由采食。

④牛进场 4～5 天后可以饲喂混合精饲料，混合精饲料的量由少到多，逐渐添加，10 天后可喂给正常的供给量。

⑤进场后的牛要进行驱虫。牛驱虫可从牛入场的第 5～6 天进行，一般可选用阿维菌素，一次用药同时驱杀体内外多种寄生虫。驱虫 3 日后，每头牛口服“健胃散”350～400 克健胃。驱虫可每隔 2～3 个月进行 1 次。同时根据当地疫病流行情况，进行疫苗注射。

二、奶牛养殖技术

63 奶牛场如何规划？

(1)生活管理区　包括职工生活区和牛场管理区，管理区主要有办公室、接待室、资料室、实验室等。职工生活区应在牛场上风头和地势较高地段，并与生产区保持 100 米以上距离。管理区与生产区要严格分开，保持 50 米以上距离。外来人员只能在管理区活动，场外运输车辆、牲畜严禁进入生产区。

(2)生产辅助区　包括饲料库、饲料加工车间、变配电室、青贮池、干草棚、机械车辆库等。饲料库、饲料加工车间、青贮池和干草棚离奶牛舍要近一些，一般应建在地势较高的地方。

(3)生产区　是牛场的核心区，应按分阶段、分群饲养原则，按泌乳牛舍、干奶牛舍、产房、犊牛舍、育成牛舍顺序排列。各舍之间保持适当距离，布局整齐，以便防疫和防火，但也要适当集中，便于科学管理。生产区和生产辅助区要用围栏或围墙与外界隔离，大门口设传达室、消毒室、更衣室和车辆消毒池。

(4)隔离区和粪污处理区　包括兽医诊疗室、病牛隔离舍、尸体剖检和处理设施、贮粪场与污水贮存及处理设施等。此区应设在下风头、地势较低处，与生产区距离 100 米以上。病牛隔离区设单独通道，便于消毒。见图 19、图 20。

图 19　奶牛场规划图

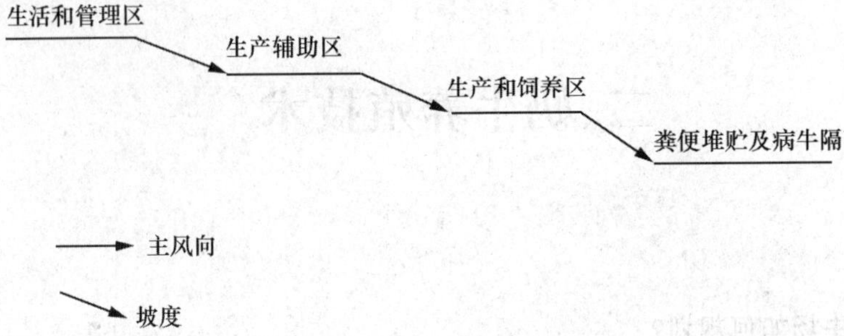

图 20 奶牛场规划图

64 奶牛场需要建设哪些基本设施？这些设施有何要求？

(1)拴系饲养牛舍　建筑形式采用有窗密闭式牛舍，采光系数不小于1/10。排列方式有单列式、双列式、四列式或多列式，采用对尾式饲养，光线充足的牛舍可采用对尾式牛舍。小型奶牛场可采用单列式，大、中型奶牛场以双列式为主，成年母牛存栏量在1 000头以上的奶牛场可考虑采用四列式或多列式牛舍。建筑结构采用砖混结构或轻钢结构。

(2)散放式牛舍　有窗密闭牛舍或棚舍，牛舍采用砖混结构或轻钢结构，棚舍采用钢管支柱结构。牛舍建在运动场四周时可采用单列式排列；建在运动场中时可采用双列或多列式排列。

(3)挤乳设施　拴系饲养采用人工挤乳或机械挤乳。挤乳机械分移动式和管道式，根据牛群规模、资金条件、经济效益等因素综合考虑。散放式饲养需建设挤乳厅，挤乳厅设备数量以每次挤乳在2小时内完成为宜。挤乳厅分旋转式和固定式两种。

(4)饲料贮存、加工设施　青贮贮备量应满足6～7个月青贮需要量，青贮窖池按(500～600)千克/米^3、青贮塔按(650～750)千克/米^{3}设计容量。饲草贮备量应满足3～6个月的需要量，高密度草捆密度350千克/米^3。精饲料贮备量应能满足1～2个月的需要。

(5)消防设施　采用经济合理、安全可靠的消防设施，消防设施需符合消防要求。消防通道可利用场内道路，紧急情况下能与场外干道相同。

(6)供电设施　电力负荷为民用建筑供电等级二级。自备电源的供电容量不低于全场电力负荷的1/4。

(7)给、排水设施　采用生产、生活、消防合一的给水系统。供水能力按每100头存栏奶牛每日供水30～50吨设计，水质应符合GB 5749之规定。场区内污水由地下暗道排放，雨、雪水设明沟排放。污水须经处理并符合GB 8979的规定要求。

(8)兽医卫生防疫设施　奶牛场四周需建设围墙、防疫沟，并建有绿化隔离带。牛场入口处设车辆强制消毒设施。生产区、生活管理区、隔离区严格隔离，生产区前后出入口设人员更衣、消毒室，人员跨区作业时均应严格消毒。生产区运输工具专用，尽量不让其他区域运输工具进入生产区，不得已时应经过强制消毒方可进入生产区。病死牛只处理应符合 GB 16548 之规定。见图 21。

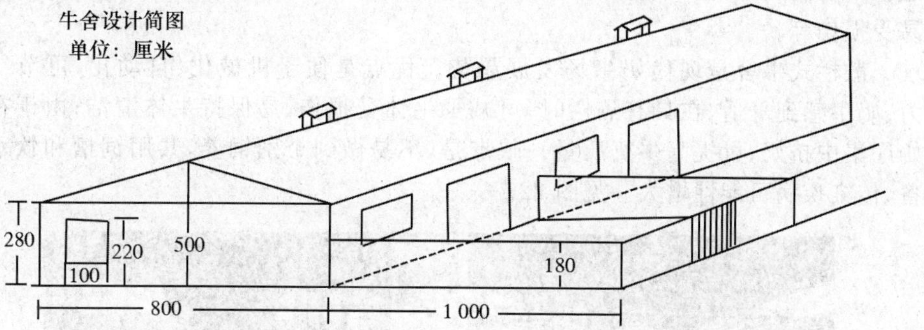

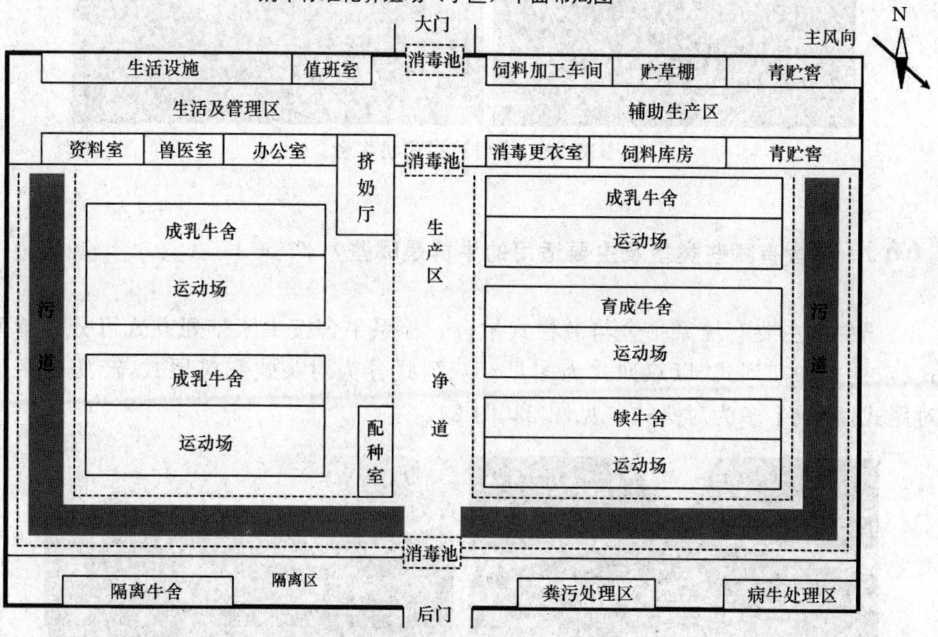

注：1. 牛舍建筑面积按每头牛 4～6 米^2 计算，牛舍之间的距离为 10 米以上；运动场面积按每头牛 15～20 米^2 设计。净道宽 5 米，污道宽 3 米。

2. 每 200～200 头牛建一个挤奶厅，面积为不小于 200 米^2。青贮窖按每头牛 15～18 米^2 计算。

图 21　牛场具体平面图

65 栓系牛舍与散栏式牛舍有哪些优缺点?

栓系牛舍是一种传统牛舍,母牛的饲喂、挤奶、休息均在牛舍内。优点是能做到专人饲养固定牛群,管理细致;奶牛有较好的休息环境和采食位置,互相干扰少,能获得较高奶产量。缺点是耗费人力较多;牛舍建筑造价较高;母牛的关节和乳房易受损伤等。

散栏式牛舍是现代奶牛场发展趋势。优点是便于机械化、自动化,可节约人力;奶牛感到舒适,在具有隔栏时,可减少牛体受损伤,易保持牛体清洁;由于在挤奶厅集中挤奶,可提高牛奶质量。缺点是,不易做到个别饲养,共用饲槽和饮水设备,传染疾病可能性增大。见图 22。

图 22 单列散栏式奶牛舍

66 牛舍有哪些类型及主要适用的牛群是哪些?

奶牛舍主要有栓系牛舍与散栏式牛舍。栓系牛舍按牛床排列方式可分为单列式、双列式和四列式,以双列式为多见。双列式分为对头式和对尾式,产奶牛多见对尾式,育成牛多为对头式。见图 23、图 24。

图 23 奶牛舍类型

肉牛舍有栓系式肥育牛舍、围栏式肥育牛舍和塑料暖棚牛舍几种类型。拴系式肥育牛舍是一种阳面有全墙或下部有半截墙，其余三面都有墙的有窗牛舍。每头牛都有固定的牛床。对头式设计居多。围栏式肥育牛舍是高密度散养式牛舍，三面有墙，向阳面敞开，敞开面接围栏。饲槽、水槽可设在舍内。牛舍多为双坡式，跨度 8～11 米。牛可以自由出入，管理简单，每栏以 10～20 头为宜。塑料暖棚牛舍适合北方地区。

图 24　单列散栏式肉牛舍

67 母牛舍配备运动场起到什么样的作用？

母牛舍的母牛大多都是能繁母牛，所以为了减少胎衣不下、难产等疾病，母牛舍都要适当配备一定面积的运动场，以利于母牛适当的运动。运动场为母牛运动提供了场地，能让母牛适度运动，使矿物质、微量元素充分进入到新陈代谢中去，进而减少产科疾病及营养代谢病，有利于母牛健康。

68 为什么要机械挤奶？

奶牛集中机器挤奶有 3 个好处：①机器挤奶是利用真空原理将牛奶从乳房中吸出，与犊牛哺乳非常相似，具有吸奶和按摩功能。②机器挤奶更卫生，能够保证原料奶的质量。人工挤奶，奶桶容易进入某些非奶来源的物质，而机器挤奶连空气中的灰尘也不易进入奶中。同时，挤奶机中乳头杯在使用前后均进行消毒清洗，因此，机器挤奶更合乎卫生标准。③机器挤奶降低工人劳动强度，降低劳动成本。使用两套挤奶机，每小时所挤的奶牛头数通常在 30～44 头，劳动强度大大降低，勿需称奶重。而人工挤奶易引起挤奶工人手指疲劳或肿胀,挤奶员每小时挤奶牛头数远低于机器挤奶,且劳动强度大。

69 常见的挤奶机械设备类型有哪些?

挤奶设备有固定式和移动式两大类。固定式又分提桶式、管道式和挤奶间3种。见图25、图26。

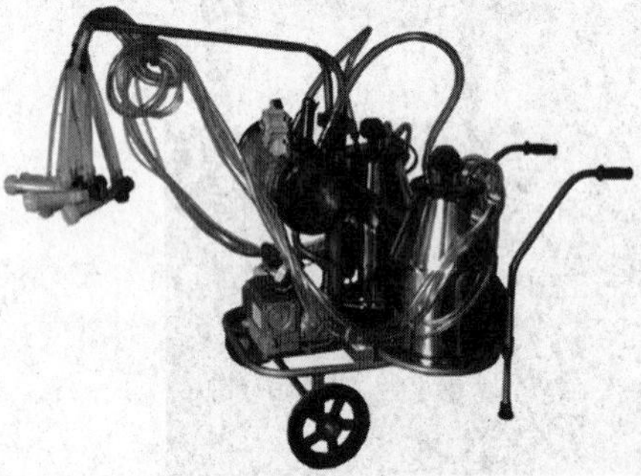

图25 手推式挤奶机

图26 坑道式挤奶厅

70 挤奶机应具有的基本的生理作用是什么?

①机器挤奶不仅要充分挤尽乳房中的牛奶,而且还应刺激奶牛排乳,以保证奶牛在挤奶过程中处于明显的排乳状态。

②机器挤奶的工作原理应尽可能模仿小牛自然吸奶的动作。

③挤奶器的乳嘴橡皮应有足够的弹性和合适的尺寸,以适应奶牛不同大小的乳头。

④挤奶器不应对奶牛有任何有害的刺激,以免影响奶牛的乳房健康和正常排乳。

71 挤奶装置由哪些部件构成?

目前全国生产有各种类型的挤奶装置,一般都由真空装置和若干套挤奶器组成,或再附有牛奶的输送、净化、消毒等设备。

72 机器挤奶的基本要求和操作要领是什么?

挤乳机是利用真空原理将牛乳从乳房中吸出,与犊牛哺乳非常相似。同手工挤奶一样,挤奶前也应先以热水(50～55℃)擦洗和按摩乳房。打开电闸,接通电源,使电动机转动。调节真空压力表,使真空接近 30～35 厘米,一般不能超过 40 厘米。然后将粗橡皮管接在导管的开关上,打开开关。这时一手紧握挤奶杯的通乳管,另一手打开挤奶桶盖上的开关,从较远的一侧依次把挤奶杯套在乳头上。脉动器的搏动频率一般调节到 50～60 次/分。在挤奶过程中,可通过挤乳器上的窥视玻管观察乳流情况,如无乳流通过时,即应关闭挤乳桶上的开关或导管上的开关,轻轻取下挤奶杯,挂在挤奶桶盖上。新式的挤奶杯根据乳流情况能自动脱落。每次挤完奶后,应将奶桶及与奶接触的有关部件拆卸清洗,先用冷水冲洗,再用 85℃热水洗。方法是接上总管(粗橡皮管),打开导管上的开关,倒转集乳器,使挤奶杯浸入水中,然后打开挤奶桶盖上的开关,使水吸到挤奶桶中,洗涤挤奶杯和通乳管后再洗涤桶盖和桶壁。洗毕再用热水照样洗涤,然后将挤乳器挂在架子上晾干。挤乳通常分以下几步:挤奶设备的消毒→ 母牛挤奶前的准备→ 挤奶→ 卸下乳杯→ 清洗挤奶设备。图 27 为机械化挤奶前后消毒程序。

图 27 机械化挤奶前后消毒程序

73 每次挤奶时间间隔多长为好?

挤奶间隔均等分配最有利于获得最高奶产量,每天 2 次挤奶,最佳挤奶间隔是 12 小时,间隔超过 13 小时,会影响产奶量。每天 3 次挤奶,最佳挤奶间隔是 8 小时。一般 3 次挤奶奶产量可比 2 次挤奶提高 10%。采用 2 次挤奶或 3 次挤奶还必须同时平衡劳动力费用、饲料费用和管理费用等。

74 世界上有哪些著名奶牛品种?

当前全世界奶牛品种,主要有荷斯坦牛(图 28,又称黑白花牛)、娟姗牛(图 29)、更赛牛、爱尔夏牛及瑞士褐牛。我国饲养奶牛品种中 95%以上是中国荷斯坦牛(中国黑白花牛),荷斯坦牛属大体型奶牛,产奶量最高,年产 10 000 千克以上的牛群比较多见,我国最高牛群已达 8 773.2 千克。美国个体产奶量最高的 1 头母牛里斯达 365 天产奶已达 30 833 千克,乳脂率 3.3%。所以为了获得奶牛高产,首先应选择荷斯坦牛。

图 28　荷斯坦牛

图 29　娟姗牛

75 荷斯坦牛的特点及应用有哪些?

(1)荷斯坦牛的特点

①乳用型荷斯坦牛:结构匀称,皮薄骨细,皮下脂肪少,乳房特别庞大,乳静脉明显,后躯较前躯发达,侧望呈楔形,具有典型的乳用型外貌。乳用型荷斯坦牛的产奶量为各奶牛品种之冠。1999 年荷兰全国荷斯坦牛平均年产奶量为 8 016 千克,乳脂率为 4.4%、乳蛋白率为 3.42%;美国 2000 年登记的荷斯坦牛平均产奶量达 9 777 千克,乳脂率为 3.66%、乳蛋白率为 3.23%。荷斯坦牛的缺点是乳脂率较低,不耐热,高温时产奶量明显下降。因此,夏季饲养,尤其南方要注意防暑降温。

②兼用型荷斯坦牛:体格略小于乳用型,体躯低矮宽深,皮肤柔软而稍厚,尻部方正,四肢短而开张,肢势端正,侧望略偏矩形,乳房发育均称,前伸后展,附着好,多呈方圆形;毛色与乳用型相同,但花片更加整齐美观。兼用型荷斯坦牛的平均产奶量较乳用型低,年产奶量一般为 4 500~6 000 千克,乳脂率为 3.9%~4.5%。个体高产者可达 10 000 千克以上。兼用型荷斯坦牛的肉用性能较好,经肥育的公牛,

500 日龄平均活重为 556 千克，屠宰率为 62.8%。

(2)荷斯坦牛的应用

荷斯坦牛风土驯化能力强，世界大多数国家均能饲养。经各国长期地驯化及系统选育，育成了各具特征的荷斯坦牛，并冠以该国的国名，如美国荷斯坦牛、加拿大荷斯坦牛、日本荷斯坦牛、中国荷斯坦牛等。荷斯坦牛改良我国黄牛已有几十年的历史，改良的效果也很突出，改良后的杂种较本地牛的体重提高 80%～100%，杂种一代的年产奶量为 2 000～2 500 千克，二代为 2 700～3 200 千克，三代以上接近荷兰牛的产奶量，在 4 000 千克以上，杂种牛比较耐粗饲，而且也可使役，三四代杂种牛经过横交，自群繁育已育成中国荷斯坦牛。

76 中国荷斯坦牛有什么特点？

中国荷斯坦牛(图 30)毛色同荷斯坦牛。体格不够一致，就其体型而言，北方荷斯坦牛体格较大，成年公牛体高 155 厘米，体重 1100 千克；成年母牛体高 135 厘米，体重 600 千克。南方荷斯坦牛体型偏小，其成年母牛体高 132.3 厘米，体重 585.5 千克。据统计，中国荷斯坦牛 305 天各胎次平均产奶量为 6 359 千克，平均乳脂率为 3.65%。在京、津、沪、东北地区、内蒙古、新疆、山西等大中城市附近及重点育种场，其全群年平均产奶量已达 7 000 千克。

图 30　中国荷斯坦牛

77 高产奶牛体躯各部位有哪些基本特征？

高产奶牛是指一个泌乳期 305 天产奶量 6 000 千克以上，乳脂率 3.4%的牛群和个体奶牛。高产奶牛必须有这样的特点：体格高大，中躯容积多，乳用体型明显，乳房附着结实，乳头大小适中，肢蹄强壮。其中，好的乳房和后肢对提高产奶成绩十分重要。总之，凡具备体型高大，乳用特征明显，消化、生殖、泌乳器官发达的奶牛，必然能吃、能喝，多产奶。

78 高产奶牛的乳房有什么特征？

高产奶牛的乳房是其最重要的功能性体形特征，乳房基部应前伸后延，附着良好。4个乳区匀称，后乳区高而宽。乳头垂直呈柱形，间距匀称。高产奶牛应有巨大的乳房，向前延伸到腹部，向后充满于股间而突出躯体后方。前后左右四乳区发育匀称，乳头粗细长短适中，呈圆柱形，相距较宽，乳房底部高于飞节。乳镜宽，一般高产奶牛的乳房在挤奶前异常膨大且富有弹性。挤奶后明显缩小且很柔软，形成许多皱褶。如果挤奶后乳房仍较硬，称为"肉乳房"，乳房再大，产奶量也不会高。其次，乳静脉要大、弯曲，乳井要大而深，乳房皮肤薄而细致，背毛短而稀疏。

79 什么是奶牛的前乳房指数？

奶牛的前乳房指数是度量泌乳均衡性的指标，指一头奶牛前面两个乳区挤奶量占总挤奶量的百分率，该指数越大较好，一般在40%～46.8%。

80 南方常见奶水牛品种及其特点有哪些？

南方常见奶水牛品种有印度的摩拉水牛、巴基斯坦的尼里-拉菲水牛等。其特点有：体格大，毛色多为黑色；头较小，胸部广阔，臀腰宽阔，四肢短而粗壮，后躯发达，乳房发育良好。肉、奶、役兼用，屠宰率可达60%左右，平均年产奶量1 400～2 700千克/头，乳脂率为7.0%左右，泌乳期可达400天左右。

81 为什么南方奶牛的群体产奶水平低于北方？

我国奶牛（中国荷斯坦奶牛）成母牛平均产奶量为4 774千克，平均乳脂率在3.4%以上，个别高产牛群产奶量已超过8 000千克。总体上，北方地区产奶量较高，平均为5 000～6 000千克，南方地区由于气候炎热，产奶水平相对较低，平均为4 500～5 500千克。奶牛是一种相对耐寒而不耐热的动物。在高温环境下，奶牛采食量下降，产奶量大幅度降低，乳蛋白含量减少，发情不正常和不易受胎，严重影响奶牛的生产力，给奶牛生产造成严重的损失。我国幅员辽阔，处于热带、亚热带的地区面积很大，在北京，每年至少有 3 个月的时间因高温对奶牛生产造成严重的不良影响；在南方，这种影响可长达 4～6 个月。在高温季节，奶牛的产奶量可下降 20%～40%，这正是我国南方地区奶牛业的发展及奶牛的生产水平远不如北方的主要原因。

82 怎样挑选奶牛？

挑选奶牛主要应从以下几个方面着手：

①奶牛的品种；②奶牛的体型外貌；③奶牛的生产性能；④奶牛的繁殖能力；⑤奶牛的健康状况。图 31 为奶牛体格特征。

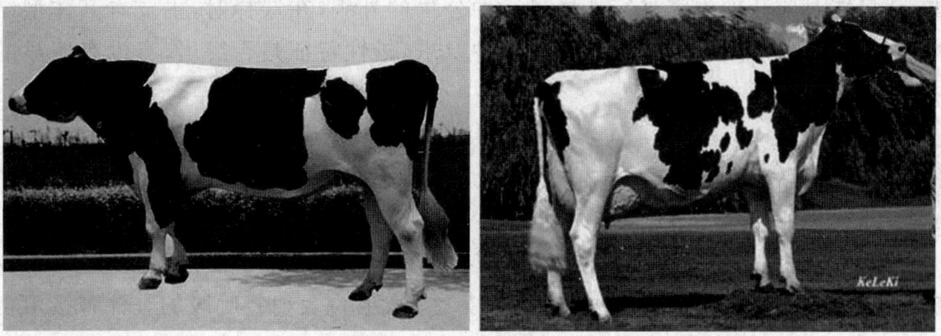

图 31 奶牛体格特征

就外貌而言：有平、宽的尻部和发育良好的乳房，前躯发育适当，后躯发育良好，呈楔形或三角形(图 32)。

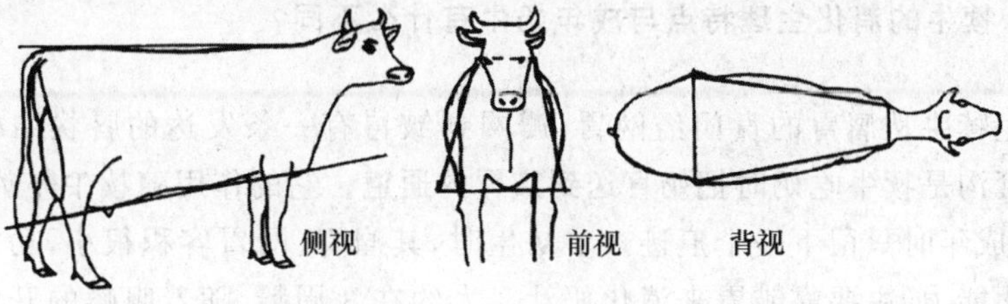

图 32 奶牛体格

83 怎样挑选后备牛？

(1)乳用母牛的选择 对乳用母牛的选留，除了对其进行系谱考察，体型外貌及主要器官观察和生长发育表现选择外，同时还要对其本身的生产性能以及对某些主要疾病的抵抗力加以比较。奶用母牛的生产性能主要包括：产奶量、奶的质量、泌乳的均衡性、前乳房指数、排乳速度等。

(2)肉用母牛的选择　对于肉用母牛，除了通过其生长发育状况和系谱选择外，重点还应从本身的繁殖性能、顺产状况、育犊能力等几方面进行挑选。

(3)役用母牛的选择　役用牛是以役用性能为主要经济用途，其后备母牛的选择除役用性能评定外，其作选择内容可参照肉用后备牛的选择方法进行。

(4)后备种公牛的选择　俗话说，"母牛好，好一线；公牛好，子一片。"公牛的体型外貌，既不能表现出产乳力，也很难确切地反映出产肉力，在选择时，一般是先查系谱，再看外貌，最后着重看它的旁系和后裔的表现。但作为后备种公牛无后裔可查，就只能对前几项内容进行选择了。种公牛的外貌，在选择时，主要看其体型结构是否匀称，外形及毛色是否符合本品种要求，雄性特征是否突出，有没有明显的生理缺陷。

84 犊牛的消化特点是什么？

哺乳期犊牛瘤胃发育尚未健全，容积很小，一般生后 3 周后才出现反刍。所以初生犊牛主要靠真胃进行消化。哺乳期犊牛靠食管沟反射将吮吸的乳汁直接由食管流入皱胃。对犊牛除饲喂全乳外，补饲适量精料和干草可促使瘤胃迅速发育。随着犊牛年龄的增大和采食植物性饲料的增加，胃的发育便逐渐趋于健全，消化能力也随之提高。

85 犊牛的消化生理特点与成年奶牛有什么不同？

初生犊牛从瘤胃的贲门经网胃、瓣网到皱胃有一条发达的唇状结构，叫食管沟。食管沟是犊牛吃奶时把奶直送到皱胃的通道。它的作用随犊牛年龄的增长而减退，到成年时只留下一个痕迹。牛初生时，其瘤胃、网胃容积很小，功能不发达，没有消化能力，主要靠皱胃来消化奶汁。大约在 3 周龄，随着咀嚼的开始，部分饲料进入瘤胃，微生物开始瘤胃内活动。这时，由于发酵产物的刺激，促使瘤胃迅速发育，容积急剧增加，而皱胃的增长则相对较慢。所以犊牛一般初生 3 周后才出现反刍。随着瘤胃和网胃的发育，牛对青粗饲料的消化力逐渐提高，到 6 月龄时，犊牛已具备成年牛的消化特点。所以，在幼犊能吃进大量混合精料、青草、干草并进行反刍之前，初生犊牛整个胃的功能与单胃动物的基本一样。犊牛的营养需要和成年牛的营养需要有所不同。在幼犊饲养阶段，要根据它的消化特点，尽快促进犊牛瘤胃发育，使其尽早发挥功能。因此要对犊牛进行早饲料，尽早让其采食优质干草或青草，少喂勤喂，引导瘤胃发育，以利于扩大瘤胃容积，使瘤胃更早更好地发育起来，犊牛能更早更多地利用粗饲料。

86 奶牛的生理指数是什么？

奶牛健康状况的变化，首先反映在体征上，即生理指数的变化，因此了解奶牛正常的生理指数，可帮助判断奶牛的的健康状况。

(1)体温　奶牛正常体温为38～39.2℃，小犊牛、兴奋状态的牛或暴露在高温环境的牛体温可达39.5℃或更高，若超出这个范围均视为异常。

(2)脉搏率　成牛的正常脉搏率为60～80次/分，犊牛为72～100次/分。多种环境因素和牛的状态(运动、采食等)均可影响脉搏率。

(3)呼吸频率　成牛安静时的正常呼吸频率为18～28次/分，犊牛为20～40次/分。正常呼吸的次数、深度受多种环境因素(气温等)和牛的状态(运动等)影响。

(4)消化系统生理指标　健康牛瘤胃蠕动每分钟1～3次，瘤胃内容物pH 5.0～8.1，一般为6～6.8，每昼夜反刍6～8次，每次40～50分钟，每口咀嚼20多次，每分钟嗳气17～20次。

87 奶牛的能量需要由哪几个方面组成？

奶牛的能量需要包括两个方面：一是维持需要；二是生产需要。维持营养需要是指奶牛在不产奶，又不从事劳役的情况下，为保持体况正常健康和体重不变所需供给能量的最低量。生产能量需要，主要包括生长与产奶的需要。对于生长中的奶牛，我国饲养标准中的能量需要规定由维持与生产两方面计算。

88 什么是奶牛能量单位？

奶牛能量单位(NND)是我国奶牛饲养标准中采用的产奶净能单位。泌乳奶牛的维持需要，产奶需要与体重增减需要的能量累加之和即为总的能量需要。确定产乳能量营养需要的依据是乳的成分、产乳量以及饲料及畜体组织分解的养分转化成乳的成分效率。由于乳的能值随乳成分，尤其是乳脂率的变化而变化，为方便泌乳能量需要的计算和泌乳力的比较，一般将不同乳脂率的乳折算成含脂4%的乳，即标准乳，或称乳脂校正乳。

89 成年奶牛的维持需要量是多少？生产中注意事项有哪些？

根据体重和泌乳的周期不同，所需的维持量也不同。一般来讲成年母牛所需要各种物质数量如下：干物质（DM）6.77千克，奶牛能量单位（NND）12.37，产奶净能38.82兆焦，可消化粗蛋白质（DCP）328克，粗蛋白质（CP）503.9克，钙（Ca）32.13克，磷（P）23.75克，维生素A 22 375单位，胡萝卜素55.625毫克。生产实践中，应根据母牛的营养状况、体重大小及饲养方式等因素，适当调节营养水平。如对第一个泌乳期的母牛，维持需要量应增加20%；第二个泌乳期，应增加10%；放牧的母牛应增加20%左右的能量需要；在环境温度过高或过低时，由于母牛的能量消耗增加，也要增加20%的能量；泌乳期间母牛每增重1千克，相应增加8奶牛能量单位（NND）和500克的粗蛋白质的营养供给，体重每减少1千克，则相应扣除6.55奶牛能量单位（NND）和385克粗蛋白质。

90 奶牛需要多少蛋白质？

泌乳奶牛对蛋白质的需要量与年龄、体重、泌乳量、奶的成分等因素有关。当奶牛体重680千克（成熟体重为680千克），65月龄，乳脂率3.5%，乳中蛋白质含量3.0%，乳糖含量4.8%，泌乳天数为90天时，日泌乳量25～54.4千克的泌乳牛对干物质、蛋白质的大致需要量是：干物质进食量20.3～30千克，日增重0.5～0.2千克，粗蛋白质14.1%～16.7%。

91 奶牛产1千克奶需要多少营养？

牛奶中含有多种营养，主要是蛋白质、乳糖和乳脂肪。但对奶牛的营养需要来讲，影响最大的主要是乳脂肪含量。因为它的能值相当于乳蛋白和乳糖能值的和，而且也最易受到营养状况的影响。乳脂率在2.5%～4.5%时需要的营养：干物质0.31～0.49千克，奶牛能量单位（NND）0.80～1.06，粗蛋白质68～89克，钙3.6～4.8克，磷2.4～3.2克。

92 饲料蛋白质对奶牛有什么作用?

①蛋白质构成奶牛体组织细胞,不能被其他营养物质所替代(肌肉、内脏、血液、神经、皮肤、激素、抗体、蹄、角、毛等基本物质都是蛋白质)。

②牛体组织再生、修复和更新所需的必需物质。

③蛋白质是乳的主要成分。乳的营养成分价值高,这不仅是新生犊牛不可缺少的理想食物,也是人类的优质食品。一头年产 4 000 千克的奶牛,每年从乳中排出的干物质相当于身体干物质的 2.5 倍以上。乳中含蛋白质 2%～6%。

④蛋白质也可作为能源物质。在碳水化合物和脂肪不足时,蛋白质可氧化产生部分能量供奶牛所需,也可分解为氨基酸。

93 奶牛适合饲喂哪些蛋白饲料?

由于奶牛具有瘤胃、网胃、瓣胃和皱胃 4 个胃室,因此,奶牛对饲料蛋白质的消化吸收与单胃动物不同。奶牛可以利用植物性蛋白饲料(豆类、饼粕类和糟渣类等),同时国家明确规定奶牛禁止饲喂动物性蛋白质饲料。

94 为什么饲料中的蛋白质含量并非越高越好?

蛋白质饲料的价格较高,蛋白质资源紧缺,但奶牛需要蛋白质饲料,这种矛盾是全世界畜牧生产中所遇到的问题。在奶牛生产中可利用奶牛瘤胃中微生物能利用氨的特性,由此常应用尿素等非蛋白质氮,作为饲料蛋白质的资源。主要目的是节约蛋白质资源,降低饲料成本。饲料中的蛋白质含量太高,不但可能造成蛋白质资源的浪费,而且还会造成与其他养分配比间的不平衡,影响其他成分的吸收与利用。另外,蛋白质饲料属于生理酸性饲料,过量会使公牛体内产生大量有机酸,对精子的形成不利。因此,饲料中的蛋白质含量并非越高越好。如过低又会造成营养不良,奶牛消瘦、贫血、食欲减退、产奶量下降、慢性腹泻等出现。

95 奶牛的反刍有什么特点?

反刍是奶牛的重要消化特性,奶牛采食饲料时,不经过精细咀嚼,即到瘤胃。此后,在休息时,奶牛各胃室有节律地收缩,使吃下的食团返回至食管内,液体回入胃内，粗糙的食团回到嘴中后被再次咀嚼，与唾液搅拌后再次咽下。奶牛反刍通常是在采食结束后20～30分钟出现。正常情况下，成年奶牛每天有10～15个反刍周期，每个反刍周期约持续0.5小时，一天反刍的时间长达8小时。当奶牛患病、劳累过度、饮水不足或饲料品质不良时，反刍则减少或停止。

96 奶牛为什么会嗳气，嗳气不正常时有什么危害？

奶牛的嗳气，就是从口腔排除大量气体，这些气体是瘤胃微生物发酵的气体。由于瘤胃上背囊的收缩，促使瘤胃气体向上行或向下行。上行气体由食管进入口中排出，下行气体则通过胃和肠经肛门排出。嗳气也是奶牛正常的消化功能表现。当奶牛不能正常嗳气时，或产气量太大时，就可能出现瘤胃涨气，严重者可危及生命。

97 奶牛为什么不能突然改变日粮？

"养牛主要是养瘤胃"是养牛者的共识，因为奶牛瘤胃环境需要处于一个大致的平衡，这种平衡主要体现在：

①胃内具有微生物生长和繁殖所需要的稳定而均衡的营养物质和水；

②胃内温度为39～41℃，酸碱度为pH 6～7；

③厌氧。瘤胃的背囊内常含有气体，一般为二氧化碳（50%～70%），甲烷（20%～45%）以及少量的氨、氢、氧等其他气体。

日粮的改变会导致瘤胃环境的改变。为了保证这个环境不发生急剧的改变，在奶牛饲料上，就必须注意饲料日粮的稳定。

98 如何在奶牛日粮中使用好青绿多汁饲料？

青绿多汁饲料和粗饲料可以组成奶牛的基础日粮，在使用中应该注意以下问题：

（1）控制用量　如青菜、甘蓝、萝卜叶、苦荬菜、聚合草、鲁梅克斯，以及拔节前的黑麦草、鸡脚草，开花前的豆科牧草，如白三叶、紫花苜蓿等，因它们水分含量常超过90%，干物质含量低，不宜用量过多。利用时要与其他含水分较少、能量较高的饲料搭配饲喂，以满足奶牛生产对能量和蛋白质的需要。

（2）青草和叶菜类应保持新鲜　夏秋季节，饲喂青草和叶菜类等青绿饲料，含氮量较高，堆放过程中容易腐烂，产生有害健康的亚硝酸盐类，最好是随割随喂，若有时采多了用不完，应及时摊放在阴凉处。颜色发黄、发热、腐烂的青草或叶菜不可喂牛。

（3）根菜类和薯类要切碎　如胡萝卜、大头菜、甘薯、马铃薯等应切碎饲喂，以防奶牛吞食堵塞气管。

（4）有异味的草要在挤奶后饲喂　部分十字花科、菊科的牧草带有很浓的异味，挤奶前饲喂，奶中会出现这些草的异味，影响牛奶品质，但挤过奶后饲喂对牛奶的品质无不良影响。

（5）谨防豆科牧草喂牛引发膨胀病　豆科牧草如紫云英、白三叶、苜蓿、毛苕子等鲜草中含有较多的皂角素，在瘤胃的酸环境中，易产生较多的泡沫，使牛胃发生膨胀，严重时可导致奶牛死亡。因此，饲喂豆科牧草要适量，最好先喂一些禾本科牧草或其他饲料后，再喂豆科牧草。雨后、早晨应禁止到豆科牧草地放牧。采了带露水的豆科牧草，应晾干后再喂。

（6）防止中毒　在天然草山草坡上放牧或采集野草、野菜时，应剔除有害、有毒植物，如：曼陀罗、毛耳眼、毒芹、苍耳等。多花黑麦草、苏丹草、高粱等牧草在氮肥施用较多时，积累的硝态氮较多，在奶牛空腹时饲喂，可能引起硝酸盐中毒。所以，应避免在刚施用大量氮肥5～10天后刈割利用这些牧草。苏丹草、高粱等高粱属牧草，幼嫩时体内含羟氰配糖体较多。羟氰配糖体在奶牛消化器官内会转化为氢氰酸盐类，危害奶牛健康。所以，高粱和苏丹草不宜割得太嫩，应在株高1～1.5米以后刈割利用。

99　青贮饲料的特点是什么？

青贮饲料是调制和保存青绿饲料的有效方法。青贮规模可大可小，是发展奶牛养殖的重要保障，特别是越冬饲料的储备，它的特点如下：

（1）可以最大限度地保持青绿饲料的营养物质　一般青绿饲料在成熟和晒干之后，营养价值降低30%～50%，但在青贮过程中，由于密封厌氧，物质的氧化分解作用微弱，养分损失仅为3%～10%，从而使绝大部分养分被保存起来，特别是在保存蛋白质和维生素（胡萝卜素）方面要远远优于其他保存方法。

（2）适口性好，消化率高　青饲料鲜嫩多汁，青贮使水分得以保存。青贮料含水量可达70%。同时在青贮过程中由于微生物发酵作用，产生大量乳酸和芳香物质，更增强了其适口性和消化率。此外，青贮饲料对提高家畜日粮内其他饲料的消化性也有良好作用。

(3)可调济青饲料供应的不平衡　由于青饲料生长期短，老化快，受季节影响较大，很难做到一年四季均衡供应。而青贮饲料一旦做成可以长期保存，保存年限可达2～3年或更长，因而可以弥补青饲料利用的时差之缺，做到营养物质的全年均衡供应。

(4)可净化饲料，保护环境　青贮能杀死青饲料中的病菌、虫卵，破坏杂草种子的再生能力，从而减少对畜、禽和农作物的危害。

100 青贮原料应该达到哪些要求？

青贮原料的要求如下：

(1)青贮原料的含糖量要高　含糖量是指青贮原料中可溶性碳水化合物的含量，这是保证乳酸菌的大量繁殖，形成足量乳酸的基本条件。青贮原料中的含糖量应为鲜重的1%～1.5%。应选择植物体内碳水化合物含量较高，蛋白质含量较少的原料作为青贮的原料。如：禾本科植物、向日葵茎叶、块根类原料均是含碳水化合物高的种类。而含可溶性碳水化合物较少，含蛋白质较多的原料，如豆科植物和马铃薯茎叶等原料，较难青贮成功，一般不宜单贮，多采用将这类原料刈割后预干到含水量达45%～55%时，调制成半干青贮。

(2)青贮原料必须含有适当的水分　适当的水分是微生物正常活动的重要条件。水分过低，影响微生物的活性，另外也难以压实，造成好气性细菌大量繁殖，使饲料发霉腐烂；水分过多，糖浓度低，利于酪酸菌的活动，易结块，青贮品质变差，同时植物细胞液汁流失，养分损失大。对水分过多的饲料，应稍晾干或添加干饲料混合青贮。青贮原料含水量达65%～75%时，最适乳酸菌繁殖。豆科牧草含水量以60%～70%为宜；质地粗硬原料的含水量以78%～80%为好；幼嫩、多汁、柔软的原料含水量以60%为宜。

101 如何制作青贮饲料？

青贮饲料的制作步骤一般为4步，分别是：

(1)青贮原料的收割　优良品质青贮原料是调制优良青贮料的物质基础。适期收割，不但可从单位面积上获得最大营养物质产量，而且水分和可溶性碳水化合物含量适当，有利于乳酸发酵，易于制成优质贮料。一般收割宁早勿迟，随收随贮。

(2)切短　原料于青贮前，一般都要切碎，使汁液渗出，润湿原料的表面，这样有利于乳酸菌迅速发酵，提高青贮饲料品质。质地粗硬的饲料，切得越短越好，以长度 2～3 厘米较为适宜。幼嫩的饲料切成长度为 3～5 厘米。青贮之后再切碎亦可，以免汁液流失严重。切碎的原料容易踏实、压紧，空气排出的好，沉降也较均匀且养分损失少。

（3）填装　切短的青饲料，应很快装填贮制设施之内，装填前，如窖贮底部可垫一层 10～15 厘米厚的切短秸秆或软草，以便吸收青贮汁液，窖壁四周可铺塑料薄膜，加强密封，防止漏气透水。此外，应根据青贮料含水多少进行水分调节。特种青贮时应进行添加物的补加混合。装填青饲料应逐层装入，每次（层）装 15～20 厘米，立即踩实，然后再继续装填。高水分原料添加粗干饲料；难贮原料添加富含碳水化合物如糠麸、谷物类等饲料。添加的干粗饲料或糠麸谷物等，亦应与青饲料间层装填，或分层混合青贮。装填时，应特别注意装填紧实，四角与靠壁的地方尤应注意。如此边装边踏实，一直装满窖并超出 65～100 厘米为止。长形窖、青贮壕或地面青贮时，可用马车或拖拉机进行碾压，小型窖亦可用畜力踏实。青贮料紧实程度是青贮成败的关键之一，青贮紧实度适当，发酵完成后饲料下沉不超过深度的 10%。

（4）密封　严密封窖防止漏水通气是调制优良青贮料的一个重要环节。青贮窖（壕）密封不严，进入空气或水分，有利于腐败细菌、霉菌等繁殖，使青贮料易变坏。青贮原料装贮到超过窖口 60 厘米以上时即可加盖封顶。封顶时先盖一层切短蒿秆或软草（厚 20～30 厘米）或铺塑料薄膜，然后再用土覆盖拍实，厚 30～50 厘米，做成馒头形，以利于排水。图 33 为玉米秸秆青贮加工。

图 33　玉米秸秆青贮加工

102　如何判定青贮饲料质量的好与坏？

判断青贮饲料质量好坏的简单方法有感官法和快速测定法，方法介绍如下：

（1）感官评定　根据青贮料的颜色、气味、质地结构等指标，通过感官评定其品质好坏的方法称为感官鉴定法。好的青贮料颜色保有原料的颜色、气味芳香、质地松软不腻。这种方法简便、迅速，不需要仪器设备，生产实践上可普遍应用。

(2) 快速评定　快速鉴定内容最普遍的是青贮料的酸碱度(pH)。pH 是衡量青贮料品质好坏的重要指标之一。优质青贮料，pH 要求在 4.2 以下。超过 4.2 (半干青贮除外)说明青贮发酵过程中，腐败细菌、酪酸菌等活动较为强烈。劣质青贮料 pH 为 5～6。

103 劣质青贮饲料的特点及成因是什么？

劣质的青贮料有两种：一种是酸败青贮饲料。这种青贮饲料的酸味不足，具有明显的腐败臭味，有刺鼻感，多呈深绿色，含水量高，用手触摸时感觉黏滑。这种酸败青贮饲料适口性差，营养价值很低，肉牛若采食过多会引起拉稀。造成这种劣质饲料的主要原因是青贮原料没有在适期内收割，含水量过高，又未进行晾晒，或是在青贮过程中和青贮以后有雨水进入所造成的。另一种劣质青贮饲料是焦化青贮饲料，具有焦味或霉味，呈褐色或深褐色。其水分含量少，适口性差，营养价值低。造成的原因是青贮原料过于成熟，收割过晚。原料切的过长，不易压实或者装窖不及时，延误时间过长，封顶过晚，致使青贮原料因氧化受热过多。

104 如何做到青贮饲料的合理取用？

青贮饲料的开取应注意以下几点：

(1)一是分层取料　取青贮饲料时，要从窖的一头开始，按一定的厚度，从表面开始一层一层地往下取，使青贮饲料始终保持一个方向取用。

(2)二是数量适中　每次取料数量以够一天饲喂为宜，家畜每天吃多少就取多少，不要一次取料长期饲喂，以防引起饲料腐烂变质。

(3) 三是及时封口　青贮饲料取出后，应及时密封窖口，以防青贮饲料暴露在空气中二次发酵造成变质。

105 什么是奶牛的矿物质饲料？

矿物质饲料是补充奶牛矿物质需要的饲料。它包括人工合成的、天然单一的和多种混合的矿物质饲料以及配合有载体或稀释剂的痕量、微量、常量元素补充料。矿物质元素在各种植物性饲料中都有一定含量，虽然多少有差别，但由于奶牛采食饲料的多样性，往往可以相互补充而满足奶牛对矿物质的需要。但在舍饲条件下或高产等情况下，奶牛对它们的需要量增多，这时就必须在奶牛日粮中另行添加所需的矿物质。

106 奶牛主要需要哪些维生素？

奶牛需要的维生素有两大类，分别是脂溶性维生素和水溶性维生素，其中脂溶性维生素有维生素A、维生素D、维生素E、维生素K，水溶性维生素主要是B族维生素和维生素C。它们的主要营养功能和需要量大致如下：

(1)维生素A　能保持各种器官系统的黏膜上皮组织的健康及其正常生理机能，维持牛的正常视力与繁殖机能。它的缺乏会引起一系列的黏膜上皮组织抵抗能力减弱的疾病和妊娠方面的疾病，如流产、死胎等。

(2)维生素D　主要功能是调节钙与磷的吸收、代谢和骨骼的生长发育。缺乏时引起犊牛的佝偻症和成母牛的软骨症。一般认为犊牛与生长牛的需要量以每100千克体重660国际单位。泌乳牛每千克体重30国际单位。例外的是产前的泌乳牛(特别是高产牛)应从产前半个月开始注射维生素A、维生素D、维生素E混合制剂对预防产后疾病作用明显。

(3)维生素E　主要作用是生物抗氧化剂和游离基清除作用，可以提高细胞和体液的免疫反应。犊牛缺乏它时以肌肉营养不良为特征。成年牛从天然饲料中可以获得足够量。饲料的长期贮存其维生素E的含量会随贮存时间的延长而减少。犊牛维生素E的需要量，每千克日粮干物质25～40国际单位，泌乳牛15国际单位。

(4)水溶性B族维生素　包括硫胺素、核黄素、吡哆醇、生物素、烟酸、维生素B_{12}、胆碱等，都对生理代谢起着一定作用。但牛的瘤胃微生物是可以合成的。犊牛瘤胃发育正常以前B族维生素的供应多来自牛奶，因此，对喂犊牛用的鲜奶加温时应予以注意，一般40℃以内为宜。

107 养奶牛常用的饲料添加剂有哪些？

奶牛常用的饲料添加剂有：

(1)维生素添加剂　对奶牛的健康、生长、繁殖及泌乳等都起重要作用。农村粗饲料以秸秆为主的地区，维生素A含量普遍不足，这不仅影响了正常繁殖，而且犊牛先天性双目失明者日渐增多，为此，应补喂青绿多汁饲料或维生素A。补喂维生素A每100千克体重按7 480国际单位或胡萝卜素不低于18～19毫克。

(2)氨基酸与非蛋白氮　据试验,泌乳早期在奶牛日粮中添加20～30克的蛋氨酸羟基类似物可使乳脂率提高10%,产奶量也有所提高。非蛋白氮指尿素、磷酸铵等,可替代部分蛋白质饲料,但其喂量不得超过日粮总氮量的13%,同时不能单独或溶于水中使用,以防引起中毒。

(3)缓冲剂　日粮中精饲料占60%,粗饲料占40%时,添加1.5%碳酸氢钠(小苏打)和0.8%的氧化镁混合喂奶牛,每头日产奶量提高3.8千克。

(4)微量元素添加剂　用微量元素添加剂平衡日粮,可明显地提高奶牛生产水平。泌乳盛期奶牛每天补喂碘化钾15毫克即可满足需要。

(5)非常规矿物质饲料添加剂　天然沸石、麦饭石、稀土等,具有独特的物理化学性质,并含有奶牛需要的常量和微量元素,不仅可提高营养物质的消化率,还可促进奶牛生长。

108 奶牛日粮能量与蛋白质平衡的意义有哪些?

奶牛日粮的能量和蛋白质的平衡以及它们在瘤胃中的同步消化,对于提高奶产量,改善奶牛的繁殖性能和整体健康有着重要的作用。能量和蛋白平衡的日粮配方可以及时提供合适的营养,促进瘤胃微生物的生长。瘤胃微生物的族群越大,越能促进奶牛对总营养物质的利用,增强对纤维饲料的消化,保证稳定的瘤胃环境。

瘤胃微生物利用氨、氨基酸和多肽作为氮营养时,需要足够的能量来源。微生物的能量来源为日粮中可发酵的碳水化合物和甘油三酯,其终产物挥发性脂肪酸作为主要的能量来源,用于微生物的生长和繁殖。如果日粮中的能量不足,能量和蛋白在瘤胃中的消化不同步,不平衡,就会影响菌体蛋白的合成和乳蛋白的产量,导致过高的牛奶尿素氮(MUN)。过高的蛋白水平,不仅不能提高奶产量,反而消耗能量,影响奶产量的提高。

109 如何选择奶牛的商品饲料?

选择商品饲料参考以下方法:

(1)看颜色　某一品牌某一种类的饲料,颜色在一定的时间内相对稳定。由于各种饲料原料颜色不一样,不同厂家有不同配方,因而不能用统一的颜色标准来衡量。但我们在选购同一品牌时,如果颜色差别过大,应引起警觉。

(2)闻气味　好的精料补充料应有较纯的香味,而不应有臭味或其他异味。有些劣质饲料为了掩盖原料变质发生的霉味而加入较高浓度的香精,尽管特别香但不是好饲料。好的饲料应有大豆、玉米特有的香味。

(3)看匀细　正规厂家的优质饲料一般都混合得非常均细,表面光滑、颗粒均匀、制粒冷却良好,不会出现分极现象。劣质饲料因加工设备简陋,很难保证饲料品质,从每包饲料的不同部位各抓一把,即可比较出区别。

(4)看商标　正规厂家包装应美观整齐,厂址、电话、适应品种与阶段明确,有在工商部门注册的商标,经注册的商标右上方都有 R 标注。许多假冒伪劣产品包装袋上的厂址、电话都是假的,更没有注册商标。

(5)看生产日期　尽管有些饲料是正规厂家生产的优质产品,但如果过了保质期,难免变质。应选购包装严密、干燥、疏松、流动性好的产品。如有受潮、板结、色泽差,说明该产品已有部分变质失效,不宜使用。

(6)了解售后服务质量细则　饲料生产厂家的售后服务包括他们对饲料的养殖效益和由饲料本身引起的问题所负的责任,以及对非饲料因素引起疾病所提供的义务咨询。

110 奶牛为什么不能长期大量饲喂精饲料?

牛大量饲喂精饲料,将使瘤胃中微生物区系发生改变,微生物的正常生长和繁殖受到抑制或破坏,瘤胃消化机能紊乱,容易引发瘤胃迟缓、瘤胃酸中毒、真胃移位等代谢性疾病,并出现牛的生产性能降低、奶牛利用年限降低,甚至导致死亡,所以奶牛不能长期大量饲喂精饲料。

111 奶牛的精、粗饲料比多少为好?

奶牛的精、粗饲料比是代表奶牛生产水平的一个主要标志,粗饲料的比例越大,说明的奶牛生产水平越高。奶牛业发达的国家高达 20∶80,我国现在如果能达到 40∶60 就算比较好了,如果做到 50∶50 就比较理想。

112 自配料要注意的问题有哪些?

很多农户出于成本的考虑,往往会自配精料。在自配料时应特别注意以下几点:

①对原材料严格把关，不使用水分含量高、发霉变质的原料，不使用过期失效的饲料添加剂，预混料尽量选择质量可靠且稳定的原材料。

②严格按配方配比饲料，原料称量要准确、投料次序要正确，先投大宗原料，后投小料。

③搅拌要充分均匀。

④配料保管达到“五无”：无潮、无霉、无鼠、无虫、无污染。

⑤根据奶牛的不同阶段确定饲料喂量和标准，避免浪费或喂量不足。

⑥根据不同季节适时调整配方。

⑦尽量使用先进的饲料设备配制饲料。

113 怎样配制奶牛的精料补充料？

自配奶牛的精料补充料要做好以下考虑：

(1)首先明确奶牛的饲养方式　既然奶牛的日粮是以青粗饲料为基础，那么它的供应状况将直接影响到精料补充料的组成和供给量（即基础营养物质缺多少，由精料补充料补多少）。不同的饲养方式（如放牧、舍饲、放牧加补饲），青粗饲料来源不同，营养组分有很大差别，需要补充的质与量也有一定差异，只有在得知饲养方式之后，才能牢牢掌握设计补充料配方的主动权，做到有的放矢，针对性强。

(2)确定奶牛预期的生产水平　生产水平决定了动物的营养需要量、饲料（包括基础料与补充料）的供给和喂养工艺（如全期高营养水平饲养或采取阶段性的高—低—高营养水平饲养等）的确定。因此，短缺目标预测，只能是盲人骑瞎马，无所适从。

(3)确定奶牛群内平均每头奶牛的日营养需要量　配方中一般指标可由相应的饲养标准等资料确定，而干物质采食量的固定值却因青粗饲料的水分与营养成分含量的多变，以及奶牛饲养管理方式的多样化，而不能满足生产实际的需要，只好以平均占到活重的2.5%～3.5%作计算。精饲料采食量宜按鲜奶产量的1/5～1/3的比例供给。

(4)确定配方所用原料及其营养成分含量　根据干物质采食量将各种营养需要量换算为占日粮干物质的百分比，或将饲料原料自然状态下的养分含量折算为干物质中的含量，扣除青粗饲料中的养分含量，通过计算，便可设计出合理的精料补充料配方，而后依照配方进行补充料研制与供应。

114 种牧草养奶牛有什么好处？

奶牛生产需要大量优质青饲料。随着奶牛业的迅速发展，天然牧草在数量上和质量上都将无法满足奶牛生产对优质饲草的需求，所以必须人工种植高产优质牧草以保证奶牛生产的饲草需要。人工种植牧草要根据当地的农业生产条件和奶牛饲养量来决定种植面积，能确保饲草的稳定供应，保证奶牛每天采食足量的青饲料，防止产奶量的波动。

115 适合奶牛饲养的常见的牧草有哪些？

牧草的种类众多，禾本科和豆科类较为常见。选择种类的最主要的条件是草质要好、产量高、可以多季收割、生命力强、对牲畜营养价值高等。大部分是以种植豆科类的作物为主，还有很多作物可以选择比如黑麦草、墨西哥玉米草、皇竹草牧草、甜象草牧草、苏丹草等众多品种。但是广大农牧朋友也要根据自身农场所在的地区的气候和土壤等条件进行牧草选择。

116 什么是全混合日粮？

全混合日粮（TMR）是饲喂奶牛的一种方法，它综合了所有饲草、谷物、蛋白质饲料、矿物质、维生素和饲料添加剂，将特定的营养浓度配制到一个单一的混合饲料中，然后让牛自由采食这种混合日粮。

117 饲喂全混合日粮的好处是什么？

全混合日粮是大中型奶牛养殖场的主流，普通养殖户也可以参照，这种饲喂方式的优点在于：

①饲喂 TMR 时，奶牛吃进的每一口日粮都是营养均衡的。

②奶牛吃进预定数量的饲草和精饲料，为良好的产奶量和健康提供所需的养分。挑食饲料的可能性很小。

③由于奶牛只能吃到 TMR 中混合好的饲料和营养素，不能挑食单个的饲料原料，因此，消化紊乱的危险性下降，瘤胃 pH 稳定，瘤胃中的饲料消化得到最佳化。整天向瘤胃细菌均匀地提供蛋白质和碳水化合物使瘤胃发酵和瘤胃细菌生产

最佳化。每一口都能够吃进混合好的饲料和营养素，极有利于母牛的产奶和健康。

④TMR 混合机能够减轻喂牛工作，降低劳动成本。

⑤与单独饲喂各种饲料原料相比，通过饲喂 TMR 可以更好、更精确地控制饲料进食量。

⑥通过饲喂正确地按照营养需要量配制的 TMR，母牛的日产奶量可以提高 1～2.5 千克，由于较好的瘤胃发酵和吃进平衡的营养素，乳脂和其他乳成分可以得到提高。

⑦与单独饲喂各种饲料相比，饲喂 TMR 可以成功地利用少量低质饲草和适口性差的饲料。图 34 为全混合日粮（TMR）饲喂。

图 34　全混合日粮（TMR）饲喂

118　啤酒糟饲喂奶牛有哪些效果？

啤酒糟是啤酒工业的副产物，目前已广泛用于奶牛养殖。用啤酒糟饲喂奶牛有以下效果：

（1）提高生产性能　啤酒糟干物质中含粗蛋白 25.13％、粗脂肪 7.13％、粗纤维 13.81％、钙 0.4％、磷 0.57％；在氨基酸组成上，赖氨酸占 0.95％、蛋氨酸占 0.51％、胱氨酸占 0.30％、精氨酸占 1.52％、异亮氨酸占 1.40％、苯丙氨酸占 1.31％、酪氨酸占 1.15％。饲喂啤酒糟可提高奶牛的泌乳量。

（2）可代替部分精料　由于啤酒糟营养价值较高，氨基酸组成较合理，可替代部分精料补充料。

（3）节约饲料　啤酒糟是啤酒工业的副产物，产量大，价格较低。

（4）减少热应激的影响　由于啤酒糟还含有丰富的锰、铁、锌等微量元素，可以减少夏季热应激的危害。

119 啤酒糟饲喂奶牛应注意哪些事项？

啤酒糟是饲喂奶牛的好饲料，使用它时要注意以下几点：

(1)喂量适度　泌乳牛的日喂量一般不超过10千克(尤其是夏季)，最高限量为15千克。

(2)饲料新鲜　每日每头可添加150～200克小苏打。

(3)注意营养平衡　注意补钙，建议磷酸氢钙占日粮精料的2%。

(4)饲喂时期　对产后5个月的泌乳牛应尽量不喂或少喂啤酒糟，以免加剧营养负平衡状态和延迟生殖系统的恢复，干奶牛不喂。

(5)中毒处理　饲喂啤酒糟出现慢性中毒时，要立即减少喂量并及时对症处理，尤其对蹄叶炎，必须作为急症处理，否则愈后不良。

120 什么是初乳？什么是常乳？

母牛分娩一周之内的乳汁称为初乳，一周以后的乳都称为常乳。初乳的营养成分特别丰富，与常乳比较，干物质总量多1倍以上，蛋白质多4～5倍，乳脂多1倍左右，维生素A、维生素D多10倍。除此之外，初乳的酸度很高，可使胃液变成酸性，有利于阻止病原微生物的繁殖；初乳中含有溶菌酶和抗体蛋白质，有很好的提高犊牛抵抗力的作用；初乳中还含有很多镁盐，能促进犊牛胎粪的尽早排出。因此要想降低犊牛的死亡率，培养健康犊牛，就必须让犊牛早吃初乳并吃好初乳。

121 怎样对初生犊牛进行护理？

(1)擦拭　刚生下来犊牛要立即擦净口腔、鼻腔的黏液，身上的黏液要让母牛舔干或擦干。

(2)处理脐带　犊牛出生时，脐带一般被扯断，应在脐带断端涂上碘酒；若犊牛脐带未断裂时，用消毒剪刀在距离腹部6～8厘米处剪断，之后用5%的碘酒消毒，一般不需结扎，以利于干燥愈合。

(3)让出生犊牛及时吃上初乳　一般犊牛出生后30～60分钟，能站立时，就可饲喂犊牛初乳。犊牛的哺乳方式可以采用随母哺乳或人工哺乳都可以，若采用人工哺乳，每天喂初乳5～7次，每次根据犊牛大小参考喂量1.5～1.7千克，乳的温度为35～38℃。给犊牛人工哺喂初乳要做到定时、定量、定温。

(4) 给犊牛做好保温　新生犊牛最适宜的外界温度是15℃，因此要给初生犊牛做好保温、通风、光照。

122 怎样对犊牛进行健康管理？

(1) 做好犊牛的哺乳卫生　喂奶用具每次用后都要严格进行清洗消毒。

(2) 做好犊栏卫生　犊栏要经常清洗，定期消毒，减少犊牛疾病发生。

(3) 运动　生后8～10日龄的犊牛即可在运动场作短时间运动，每次运动时间0.5～1小时，以后逐渐延长运动时间，至1月龄后可增至2～3小时。

(4) 给犊牛经常刷拭　每天应给犊牛刷拭一两次。最好用毛刷刷拭，对皮肤软组织部位的粪尘结块，可先用水浸润，待软化后再用铁刷除去。对头部刷拭尽量不要用铁刷乱挠头顶和额部，否则容易从小养成顶撞的坏习惯，顶人恶癖一经养成很难矫正。

(5) 做好日常观察　平时注意观察犊牛的食欲、精神状态、粪便和被毛情况，有异常要及时发现、及时治疗。

123 育成前期(4～16月龄)的奶牛怎样管理？

4～16月龄这段时期的饲养管理主要目的，是通过合理的饲养管理使其按时达到理想的体型、体重标准和性成熟，按时配种受胎，并为其一生的高产打下良好基础。

①此期可让育成牛自由采食优质粗饲料如牧草、干草、青贮等，整株玉米青贮由于含有较高能量，要限量饲喂，以防过量采食导致肥胖。

②精料一般根据粗料的质量进行酌情补充，并根据粗料质量确定精料的蛋白质和能量含量，使育成牛的平均日增重达700～800克，14～16月龄体重达360～380千克进行配种。

③供应充足的饮水。

④每天坚持牛体的刷拭。

⑤育成母牛应从10月龄开始，于每年春、秋两季各修蹄一次。

⑥保证每天有一定时间的户外运动。

124 育成牛初次妊娠期应怎样管理？

①此阶段牛逐渐增加精料喂量，以适应产后高精料日粮。

②产前食盐和矿物质的喂量应进行控制，以防乳房水肿，并注意在产前两周降低日粮含钙量，以防产后瘫痪。

③有条件时可饲喂围产期日粮，玉米青贮和苜蓿也要限量饲喂。

④每天坚持让牛适当运动，以防止难产。

⑤防止剧烈驱赶运动，防止牛跑、跳、相互顶撞和在湿滑的路面行走，以免造成机械性流产。

⑥防止母牛采食发霉变质饲料及饮冰冻的水，避免长时间雨淋，加强母牛的刷拭，培养其温驯的习性。

⑦从妊娠第五～六个月开始到分娩前 15 天为止，每日用温水清洗并按摩乳房一次，每次 3～5 分钟。

⑧产前两周转入产房。

⑨测量体高和体况评分。

125 什么是泌乳曲线？

奶牛在从产犊到干奶的整个泌乳过程中，产奶量呈一定规律性的变化，以时间为横坐标，以产奶量为纵坐标，所得到的泌乳期奶牛产奶量随时间变化的曲线称为泌乳曲线。见图 35。

①奶牛在妊娠后，经过一段时间才能达到泌乳高峰；一般来说低产牛在产后 20～30 天即达到泌乳高峰，而高产牛在产后 40～60 天才达到泌乳高峰；低产奶牛产奶高峰维持时间短，而高产奶牛产奶高峰维持的时间相对比较长，可达 30～60 天。

②高产奶牛的峰值较高，一般高峰期峰值多出 1 千克奶，整个泌乳期能多产 400 千克奶。

③高峰期之后，产奶量开始逐渐下降。下降的速度，依母牛的营养状况、饲养水平、妊娠期、品种及其生产性能而有所不同。

④与成母牛相比，头胎牛的泌乳量应达到成年牛的 75%。如果低于成年牛的 75%，说明头胎牛没有达到泌乳高峰；如果高于成年牛的 75%，说明头胎牛达到了产奶高峰（由于品种、健康和育成牛培育工作都很好），或是成年牛没有达到高峰。

⑤产奶牛干物质采食量产后逐渐增加，但增加的速度较缓慢，其高峰出现在产后 90～100 天，之后又缓慢下降。

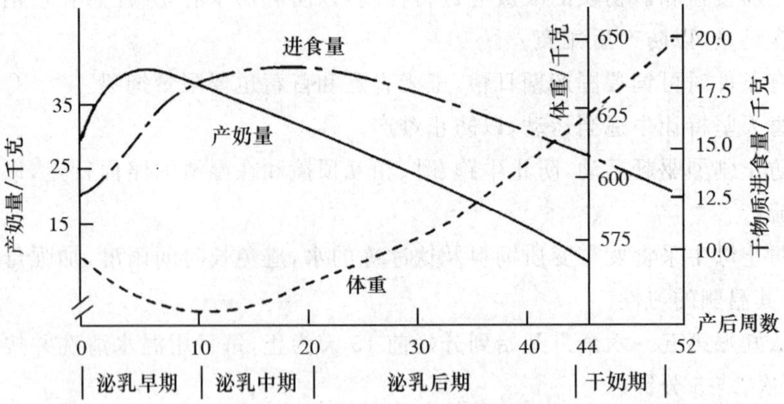

图35 泌乳周期中的产奶量、进食量和体重的变化曲线（摘自闫明伟主编《牛生产》）

126 泌乳高峰和采食高峰之间的关系是什么？

奶牛正常饲养条件下，泌乳母牛的体重、干物质采食量与泌乳量的关系，具有一定的典型性。一般地，母牛泌乳高峰出现在产犊后40～60天，而干物质采食量高峰出现在产后70～90天，此阶段奶牛处于能量负平衡，表现为奶牛产后体重下降。如果不能及时补足欠缺的营养，泌乳的高峰将会降低，并影响全期产乳，泌乳量下降。在达到理想的干物质采食量后，采食量随泌乳的需要而变化，并随泌乳量的下降而下降，只有到泌乳的中后期，乳牛采食量大于泌乳的需要量时，才逐渐恢复泌乳初期减轻的体重，同时这一时期乳牛的能量利用效率高，此时与随后的干乳期，胎儿生长速度加快。

127 围产期的奶牛怎样饲养管理？

奶牛围产期是指母牛产前15天至产后15天这段时间，做好围产期的饲养管理对奶牛健康至关重要。

（1）产前15天饲养管理技术

①预产期前15天母牛应转入产房，进行产前检查，随时注意观察临产征候的出现，做好接产准备。

②母牛临产前一周会发生乳房膨胀、水肿，如果情况严重应减少糟粕料的供给；临产前2～3天日粮中适量添加麦麸以增加饲料的轻泻性，防止便秘。

③日粮中适当补充维生素A、维生素D、维生素E和微量元素，对产后子宫的恢复，提高产后配种受胎率，降低乳腺炎发病率，提高产奶量具有良好作用。

(2)产后15天奶牛的饲养管理

①分娩后的母牛应先喂给温热的麸皮盐水粥，以补充水分，促进体力恢复和胎衣的排出，并给予优质干草让其自由采食。

②产后母牛消化机能较差，食欲不佳，产后第一天仍按产前日粮饲喂，从产后第二天起可根据母牛健康情况及食欲每日增加0.5～1.5千克精料，并注意饲料的适口性。控制青贮、块根、多汁料的供给。

③母牛产后由于乳房水肿尚未恢复，体力较弱，第一天只挤出够犊牛吃的奶量即可，第二天挤出乳房内奶的1/3，第三天挤出1/2，从第四天起可全部挤完。每次挤奶前应对乳房进行热敷和轻度按摩。

④注意母牛外阴部的消毒和环境的清洁干燥，防止产褥疾病的发生。

⑤加强母牛产后的监护，尤为注意胎衣的排出与否及完整程度，以便及时处理。

⑥夏季注意产房的通风与降温，冬季注意产房的保温与换气。

128 产后78～150天的奶牛怎样饲养管理？

该期泌乳高峰期已过，干物质采食量已达到高峰，奶牛食欲旺盛，体况开始恢复，一般产奶量每月下降4%～8%。本期饲养的宗旨是控制产奶量下降，保证稳产。本期要求干物质采食量(DMI)：为体重的3.0%～3.2%，保证干草和青贮供给，精粗饲料比为(40～50)∶(60～50)。如果是高产牛而且精料用量较大时，则仍可使用$NaHCO_3$和MgO做缓冲剂。在实际饲养中，精料用量随产奶量下降而相应减少，每下降2.5千克奶减精料1千克。

129 产后151～305天的奶牛怎样饲养管理？

该期产奶量逐渐下降，但幅度减小。营养供应主要以粗料为主，精粗料比例为(20～40)∶(60～80)。恢复奶牛体况可在该期进行，使奶牛体况恢复到产后2周时的水平。让奶牛在泌乳后期恢复体况，可防止在干奶期增料造成奶牛过肥。这样即使过肥了还可在干奶期调整，而在干奶期过肥则无时间调整，这样母牛在干奶期主要的任务就是保胎。

130 干奶期的时间及如何饲养干奶期奶牛？

泌乳母牛在产犊前2个月停止挤奶，到产犊这段时间称为干乳期。乳牛干乳期一般为60天，范围45～75天。通常按乳牛的个体情况决定干乳期的长短。高产乳牛、初产乳牛、老龄牛、体质较弱和营养差的牛，干乳期可定为60～75天。而低产乳牛、体质好和营养好的牛可确定为45～50天。生产实践证明，没有干乳期或干乳期太短，都会降低母牛下胎产乳量和犊牛的初生重，干乳期太长，容易造成母牛偏肥，也不利于下胎产乳。

干乳牛的饲养：干乳期的母牛每天精料给量3～4千克，青贮10～15千克，干草3～5千克。干乳后5～7天，乳房还没变软，喂量与干乳过程一样，乳房变软且干瘪时逐渐增加喂量，5～7天后达到干乳牛的饲养标准。产前4～7天，若母牛的乳房过度肿大，要减少精料喂量；干乳牛一般日喂3次，饮水3次，水温以10～12℃为宜；若有条件的地方冬春供给胡萝卜和苜蓿草，以补充维生素和矿物质的不足；有条件的可在母牛产前几天注射维生素E、亚硒酸钠，分点肌肉注射，以提高母牛产期正常免疫系统功能；干乳期的母牛不能喂给霉烂、变质、冰冻饲料；怀孕后期严禁饲喂酒糟、马铃薯、棉籽饼等，以免造成流产；每日要有适当运动，直至分娩前2～3天停止运动。

131 干奶方法有哪两种？

乳牛干乳方法常用有逐渐干奶法和快速干奶法两种。逐渐干奶法的操作是在预定干奶10天左右开始变更饲料，逐渐减少青绿多汁饲料和精饲料喂量，增加干草喂量，控制饮水，减少乳房按摩，减少挤奶次数，打乱挤奶时间，同时增加母牛运动时间，使奶牛的日产奶量降至5千克左右时，即停止挤奶，最后一次把奶挤净，将乳头用5%的碘酒浸一下，再用盛有火棉胶小杯分别浸各乳头3～4次封堵，此法多用于高产奶牛。快速干奶法的操作一般使奶牛在3～5天干奶。方法是先停喂多汁饲料，适当减少精料，以喂青干草为主，控制饮水，加强运动，减少挤奶次数，使奶牛产奶量显著下降，当日产奶量降至5～8千克时，停止挤奶，最后1次将奶全部挤净，用0.5%的碘酒浸乳头一下，然后用火棉胶、抗菌药膏封堵乳头即可。此法多用于中低产奶牛。无论采用哪种挤奶方法，停止挤奶后，均应密切注意观察奶牛乳房变化，若乳房肿胀变硬，奶牛表现不安，可把奶挤出重新进行干乳操作。若乳房有炎症要及时处理，待炎症消失后，再进行干乳。

132 什么是奶牛良好农业规范认证？

近年来，我国奶类产量年均增长率都在两位数以上。乳品加工业成为食品工业中成长最快的产业。但由于在奶牛饲养管理、兽药使用、疫病防治、奶牛场环境控制、原料奶的生产贮存等方面缺乏有效的质量管理和认证体系保障，使得原料奶质量安全和奶牛养殖环境等方面存在诸多问题，与发达国家相比存在较大差距。因此，我国奶业迫切需要借鉴发达国家成功的奶牛场良好农业规范管理与认证经验，加强原料奶生产各个环节的规范化管理，尽快将其推广应用，这对保证乳品质量安全，提高我国乳品市场竞争力具有十分重要的意义。

经农业部同意，国家认监委批准，中国奶业协会成立了乳品企业食品安全管理体系（HACCP）认证专业机构——中奶协（北京）认证中心（DACC），该中心已在全国范围内开展了多家乳制品企业的食品安全管理体系（HACCP）认证工作。两年来，中奶协（北京）认证中心极具特色的权威性专业认证已突显成效，在全国认证领域独树一帜，反响热烈，深受广大乳品企业的欢迎，国家认监委、国家认可委对中奶协（北京）认证中心也给予了高度的评价和认可。

三、牛的繁殖技术

133 牛的初情期是指什么？它的影响因素有哪些？

初情期是指母牛初次发情和排卵的时期，是性成熟的初级阶段，是具有繁殖能力的开始，通常为6～12月龄。初情期后，母牛的生殖器官发育增快，直至生殖机能比较成熟，具备了正常的繁殖能力。母牛完成性成熟的时间为8～14月龄。初情期和母牛性成熟的年龄随品种不同而有差异，一般小型培育品种性成熟要早一些，另外气候和营养水平对性成熟也有影响。

134 体成熟与适配年龄的概念是什么？

所谓体成熟是指公母牛骨骼、肌肉和内脏各器官已基本发育完成，而且具备了成年时固有的形态和结构。为了育种工作的需要，后裔测定的育成公牛现都从12～14月龄开始采精。育成母牛也有提前交配产犊的趋势，一般多在14～16个月配种，23～25个月产犊。这是加快遗传进展，节省劳力和降低成本，以充分发挥生产潜力的措施之一。但是，育成母牛能否提前配种，应根据其生长发育和健康状况而定，只有发育良好的育成母牛，才可提前配种。

135 怎样通过外部观察鉴定母牛的发情？

外部观察法主要是观察母牛的外部表现和精神状态来判断其发情情况。例如母牛爬跨它牛（图36）或接受它牛爬跨，兴奋不安、食欲减退、外阴部充血、肿胀、湿润有透明清液、流眼泪、产奶量下降等。发情母牛最好从开始时特别是早晚定期观察，以便了解其变化过程。一般乳牛场将母牛放入运动场中，早晚各观察一次，如发现上述情况表示已发情。

根据母牛发情持续期的表现，外阴部肿胀程度、黏液的性状、子宫颈软硬的变化，这四项指标来判定发情牛，确定最佳输精时间。

图 36　母牛爬跨其他牛

136 怎样用试情法鉴定母牛发情？

用试情法鉴定母牛发情的方法有两种：一种是将结扎输精管的公牛放入母牛群中，日间放在群牛中试情，夜间公母分开，根据公牛追逐爬跨情况以及母牛接受爬跨的程度来判断母牛的发情情况；另一种是将试情公牛接近母牛，如母牛喜靠公牛，并作弯腰弓背姿势，表示可能发情。

137 怎样用直肠检查法鉴定母牛发情？

母牛的发情期短(12～18 小时)，一般在发情期中配种 1～2 次即可，不一定要用直肠检查法来确定排卵时间。但有些营养不良的母牛，生殖机能衰退，卵泡发育缓慢，因此排卵时间就会延迟，有些母牛的排卵时间也可能提前，没有规律。但多数是卵泡发育慢，排卵延迟。对于这些母牛，不做直肠检查，就不能正确判断其排卵时间。为了正确确定配种适期，除了进行外部观察外，还有必要进行直肠检查，但该方法对人员素质要求较高，需要广大养殖者积累经验。

通过直肠触诊，检查卵泡发育情况，牛的卵泡发育期可分为四期：

第一期，卵泡出现期——卵泡稍增大，卵泡直径为 0.5～0.75 厘米，触诊时为软化点，波动不明显，在这时期，一般牛已开始表现发情。

第二期，卵泡发育期——卵泡增大到 1～1.5 厘米，呈现小球形，波动明显，在此期的后半段，发情表现已不大显著。

第三期，卵泡成熟期——卵泡不再增大，但泡壁变薄，紧张性增强，在直肠检查时，有一触即破之感。

第四期，排卵期——卵泡破裂排卵，卵泡液流失，故泡壁变为松软，成为一个小的凹陷。排卵后 6～8 小时，黄体即开始生成，再也摸不到凹陷。排卵多发生在性欲消失之后 10～15 小时。夜间排卵比白昼多，右边卵巢排卵比左边多。

138 什么是发情？

性成熟的雌性哺乳动物在特定季节表现的生殖周期现象，在生理上表现为排卵，准备受精和怀孕，在行为上表现为吸引和接纳异性。

139 母牛产后第一次配种应注意的问题有哪些？

奶牛产后 80～90 天、肉牛产后 60～90 天配种，情期受胎率最高。对体况良好、子宫复原早的母牛，可以在产后 40～60 天内的发情期进行配种；对子宫未复原的母牛，无论体况如何都要在子宫复原之后配种。产后营养状况对第一次配种的受胎率影响很大。因此，对营养状况差的母牛，在配种前 10～15 天进行短期优饲十分必要。

140 什么是同期发情，同期发情有什么好处？

同期发情是利用激素制剂调整母畜的发情周期，使其在相对集中的时间内发情的技术。它的好处有：

①可将牛群的发情、配种、妊娠、分娩调整到一定时间内同时进行，这样做的好处是犊牛同时出生，可以统一哺乳期的管理培育，可以集中精力大规模搞好犊牛、育成牛的科学饲养管理，缺点是利用的设备多，人员的工作一年四季不匀。这就需要做好安排。

②冷冻精液、人工授精是技术性强的工作，集中力量搞可以提高效率及工作质量。定时输精可不抓发情鉴定。

③同期发情、超数排卵、胚胎移植是繁殖新技术的几个重要环节，缺一不可。只有供体牛、受体牛同时发情，生殖器处于同一的生理状态，胚胎移植才能实现。

141 同期发情的处理方法有哪些？

常采用孕激素法，处理方法有阴道塞法、口服法、皮下埋植法及注射法等。

(1)阴道塞法　将泡沫塑料块灭菌、干燥后吸收一定量的孕激素，放于子宫颈口，塑料上拴一细线，引出外阴户外，放 9～12 天后取出，隔 2～3 天即发情。使用此法要注意消毒防止生殖器感染，并要防止阴道塞丢失。

(2)口服法　将一定量的孕激素拌于饲料内，连续喂一定天数后，停药，不久即发情。

(3)皮下埋植法　将一定量的孕激素装入多孔的塑料细管内或硅橡胶乳管内，用套管针或埋植器埋于牛耳背皮下，经过一定天数后取出，过 2～3 天就可发情。此法操作简单易行，不易丢失，用药量也较阴道塞法少。

142 怎样做好牛的配种？

做好奶牛的配种是奶牛获得高产的前提。常用的配种方法有自然交配和人工授精两种。由于自然交配需要公牛的参与，对养殖户来说增加了养殖成本，故不推荐采用此方法。而人工授精技术成本低、易掌握，故推荐此法。用直肠把握法人工授精是牛人工授精最普遍采用的方法。经过训练，一般可在几天时间内基本掌握。

直肠把握法人工授精操作的第一步是对配种母牛的保定。在选择对牛进行人工授精场所时需注意确保母牛和配种员的安全。具体操作如下：无论你是左利手还是右利手，推荐左手进入直肠把握生殖道，用右手操作输精枪。这是因为奶牛的瘤胃位于腹腔的左侧，将生殖道轻微地推向了右侧，用左手更容易找到和把握生殖道，如图 37 所示。

在你靠近牛准备人工授精的时候，轻轻地拍打牛的臀部或温和的呼唤牛有助于避免牛受到惊吓。先将输精手套套在左手，并用润滑液润滑，然后用右手举起牛尾，左手缓缓按摩外门。将牛尾放于左手外侧，避免在输精过程中影响你的操作。并拢左手手指形成锥形，缓缓进入直肠，直至手腕位置。

用纸巾擦去阴门外的粪便。在擦的过程中不要太用力，以免将粪便带入生殖道。左手握拳，在阴门上方垂直向下压。这样可将阴门打开，输精枪头在进入阴道时不与外门壁接触，避免污染。斜向上 30°角插入输精枪，避免枪头进入位于阴道下方的输尿管口和膀胱内。当输精枪进入阴道 15～20 厘米，将枪的后端适当抬起，然后向前推至子宫颈外口。当枪头到达子宫颈时，你能感觉到一种截然不同的软组织顶住输精枪。将子宫颈套过输精枪进入子宫后就可输精。

图37 奶牛人工授精现场图

143 人工授精法要点是什么？

奶牛场一般不养公牛，一为降低饲养成本，另为杂种优势利用。所以牛场一般应用外来冻精配合人工授精的方法完成配种。人工授精需要做到以下几点：

①动作温和，不要过于用力。

②输精过程可分为两步。先将输精枪送到子宫颈口，第二步将子宫颈套在输精枪上。

③通过子宫颈后将精液释放在子宫体内。

④操作过程中不要急。

144 牛的妊娠期和预产期如何计算？

母牛妊娠期的计算是从最后一次配种到胎儿出生的时间为止的总天数。早熟培育品种的妊娠期一般稍短，而晚熟的原始品种一般稍长；怀公犊比怀母犊的妊娠期稍长；怀双胎比怀单胎的妊娠期稍短；在营养条件不足的情况下培育的母牛，妊娠期稍长。黄牛（包括奶牛、肉牛和役牛）的妊娠期一般为270～285天，平均为280天。

母牛预产期的推算，以最后一次配种日算起，加上平均怀孕天数，即为该牛的产犊日。现以奶牛为例，平均怀孕期为 280 天，可采用“月减 3、日加 7 ”的方法推算。即配种月份减 3，配种日期加 7，即为产犊日。

145 如何判断奶牛是否妊娠？

母牛配种后，是否受胎怀孕，要进行妊娠诊断。这样做的好处：一是未孕的要进行再配种，以减少空怀率；二是已怀孕的要精心饲养管理，避免发生流产。母牛怀孕后一般有五个方面的特征：

①母牛配种 20～30 天后不再发情，而且食欲增加，膘情渐增。

②怀孕母牛一般性情温顺，行动非常谨慎，不乱跑乱跳，并喜欢安静的环境。

③母牛腹围随妊娠时间的延长而逐渐增大。由于其体内胎儿发育的需要，致使氧气需要量增多。因此，孕牛会出现呼吸加快的表现。

④在妊娠中后期，因母牛子宫不断扩大，腹腔容积减少，腹腔中内脏器官的压力越来越大，致使排粪尿量少而频繁。有时从体表即可看到胎动。胎动在饮用冷水或进食时甚为明显。孕牛角上还出现环状的凹沟。

⑤临产前，尻部陷下，有黏液从阴户流出。在分娩前一两天有初乳泌出。

146 如何判断奶牛即将分娩？

母牛的产前是有征兆的。一般在产前 20 天左右，右腹部大而下沉，并可见胎儿波动；产前一周，阴道黏膜潮红，黏液由浓厚、黏稠变为稀薄、滑润；产前 1～2 天，乳头可挤出初乳；子宫颈松弛扩张，子宫塞溶解液化成为透明的黏液，呈绳索状垂于阴门之外；母牛兴奋不安，时起时卧，有时前肢踏地，回顾腹部，背部拱起、努责。

147 如何做好牛的助产？

对于一定规模的奶牛养殖场，必须有专门的产房、固定的接产人员，小型养殖场也要准备准产房。产房内应保持安静、卫生，地面应铺洁净的软垫草。炎热季节应注意通风降温，但不能用大功率风扇直接吹母牛；寒冷季节则应采取保暖增温措施，地面增加干垫草，降低室内湿度。助产者要穿工作服、剪指甲、准备好酒精、碘酒、剪刀、镊子、药棉以及助产绳等。助产人员的手、工具和产科器械都要严密消毒，以防病菌带入子宫内，造成生殖系统的疾病。当发现母牛有分娩征状，助产者先用0.1%～0.2%的高锰酸钾温水或1%～2%煤酚皂溶液，洗涤外阴部或臀部附近，并用毛巾擦干。然后等待母牛的分娩。当观察到胎膜已经露出体外时，不应急于将胎儿拉出，应将手臂消毒后伸入产道，检查胎儿的方向、位置和姿势，如胎位正常，可让其自然分娩。如是倒生，后肢露出后，则应及时拉出胎儿，因为当胎儿腹部进入产道时，脐带容易被压在骨盆上，如停留过久，胎儿可能会窒息死亡。如果当胎儿前肢和头部露出阴门，但羊膜仍未破裂，可将羊膜扯破，并擦净胎儿口腔、鼻周围的黏液，以便胎儿呼吸。当破水过早，产道干燥或狭窄而胎儿过大时，可向阴道内灌入肥皂水或植物油润滑产道，以便于拉出胎儿。

148 怎样加强饲养管理来提高牛的繁殖能力？

母牛的繁殖关系着牛场的经济效益，合理的精细的饲养管理可以提高奶牛的繁殖力。具体要求推荐如下：

①制定有效的工作制度，加强工作人员的责任心。

②定期对工作人员进行培训，提高配种接产技能。

③调整肉牛群的结构、合理规划生产，一般要求基础母牛占牛群的40%～60%，基础母牛占比例过高或过低均会影响牛场远的或目前的生产水平。

④调查记录母牛发情、产犊的情况，认真组织配种工作，对有繁殖障碍、空怀、流产、难产的母牛及时检查与治疗。

⑤组织好保胎接产和育幼工作，特别注意母牛产道保护和产后的护理工作，促进子宫复原，减少产科疾病的发生，缩短产犊的间隔。

⑥注意母牛的运动，做好环境控制和防疫工作。

149 如何避免母牛产后不发情？

母牛产后不发情，会延长世代间隔，拖长母牛的产奶周期。养奶牛一般要求一个产奶周期为305天。导致母牛产后不发情的原因主要有4个：营养、疾病、激素分泌紊乱、环境应激。针对这4个原因，常采取的措施有：

①针对体况和泌乳情况制定合理的饲喂方案和配制合理的日粮。

②预防疾病，主要预防乳房、肢蹄病、消化道和生殖系统疾病。

③减少环境和日粮以及饲喂人员突然改变造成的应激。

150 如何挽回因不孕而造成的经济损失？

由于特殊原因导致了奶牛不孕，一般要淘汰该牛，另外可采用诱导泌乳的方法。诱导泌乳的方法是利用激素处理奶牛，使其不经妊娠和分娩而泌乳的一种技术，诱导泌乳的目的之一是可作为不孕牛经济利用的一种手段，挽回因不孕而造成的经济损失；二是可以对处女牛进行人工诱导泌乳，使其在首次妊娠前增加一个泌乳周期，从而提高经济效益；三是诱导泌乳在使不孕牛产奶的同时，还能有效地调节不孕牛的繁殖机能，使大部分不孕牛恢复繁殖机能而配种受胎。

151 如何对牛精液品质进行评定？

牛精液的品质不仅影响下一代的表现，还影响受胎率等指标，所以要做好牛精液品质评定。养牛户可以从地方种公牛站了解所取冻精的相关信息，做好比较，优中选优，比较与评定的内容主要有以下三个方面：

（1）精液的一般性检查　精液的一般性检查项目如下：①射精量；②色泽和气味；③pH。pH 对鉴定精液的品质有很大的帮助。pH 偏低的精液较偏高的精液的精子活力好，受精能力也高。公牛精液的 pH 一般在 6.4～7.8，平均值为 6.9。

（2）精子活力的检查　活力越高越好。

（3）精子密度检查　①估测法；②精子计数。

四、牛病部分

152 牛病在临床上分哪几类？

(1)传染性疾病　主要包括：病毒性疾病、细菌性疾病、支原体疾病、真菌性疾病和其他疾病。

(2)寄生虫性疾病　主要包括蠕虫病（如牛绦虫病、牛犊首蛔虫病、牛肝片吸虫病、大片吸虫病、前后盘吸虫病等）、原虫病（如牛球虫病、弓形体病、牛梨形虫病、牛锥虫病、牛焦虫病等）、体外寄生虫病（如牛螨虫、牛皮蝇蛆病、牛虱病等）。

(3)普通病　主要是由于饲养管理不当造成的非传染性疾病，包括消化系统疾病、呼吸系统疾病、泌尿生殖系统疾病、神经系统疾病、营养代谢性疾病、中毒性疾病、外产科疾病及乳腺疾病等。

153 牛的常见传染性疾病有哪些？

在生产中常见的牛的传染病有：口蹄疫、牛病毒性腹泻、牛传染性鼻气管炎、牛炭疽、破伤风、牛沙门氏杆菌病、牛巴氏杆菌病、牛布氏杆菌病、牛结核杆菌病、牛传染性胸膜肺炎、牛放线菌病、牛梭菌性肠毒血症、牛钩端螺旋体病、牛水泡性口炎、奶牛冬痢。

154 牛常见疫病免疫程序及疫苗使用有哪些？

(1)口蹄疫免疫程序　犊牛4～5个月首免，肌肉注射牛羊“O型”口蹄疫灭活疫苗（单价苗）2毫升/头或牛羊O、A型口蹄疫双价灭活苗（多价苗）2毫升/头；首免后6个月二免（方法、剂量同首免）。以后间隔6个月接种一次，肌肉注射单价苗3毫升/头或双价苗4毫升/头。生产母牛分娩前3个月肌肉注射单价苗3毫升/头或双价苗4毫升/头。种公牛、后备牛每年接种疫苗2次，每间隔6个月免疫一次，单价苗肌肉注射 3 毫升/头，双价苗肌肉注射 4 毫升/头。

(2)炭疽免疫程序　10 月份进行免疫，免疫对象为出生 1 周以上的牛。次年的 3～4 月份为补免期。炭疽疫苗有 3 种，使用时任选一种。无毒炭疽芽孢苗：1 岁以上的牛皮下注射 1 毫升，1 岁以下的牛皮下注射 0.5 毫升。Ⅱ号炭疽芽孢苗大小牛一律皮下注射 1 毫升。炭疽芽孢氢氧化铝佐剂苗或浓缩芽孢苗为无毒炭疽芽孢苗和Ⅱ号炭疽芽孢苗的 10 倍浓缩制品。使用时以 1 份浓缩苗加 9 份 20%氢氧化铝胶稀释后，按无毒炭疽芽孢苗或Ⅱ号炭疽芽孢苗的用法、用量使用。各苗均在接种后 14 天产生免疫力，免疫期为 1 年。

(3) 泰勒焦虫的免役程序　牛环形泰勒焦虫疫苗在 1～3 月份对 12 月龄以上的奶牛，进行一次免疫，每头肌肉注射 1 毫升，免疫期为一年。

(4) 巴氏杆菌病免疫　在春季定期预防注射牛出血性败血病氢氧化铝菌苗 1 次；如果有长途运输，为了防止应激反应而发生该病，可以在启运前加强免疫 1 次。每头牛 4～6 毫升，皮下或肌内注射均可。注射后 21 天产生免疫力，免疫期 9 个月。妊娠牛后期不宜使用。

(5)布氏杆菌病免疫程序　每年要检疫牛群，凡是检出的阳性牛应予以淘汰，阴性牛要进行预防接种。常用疫苗：流产布氏杆菌 9 号弱毒菌苗，在 6～8 月龄时免疫注射 1 次，每次颈部皮下注射 5 毫升，免疫期可达 5 年；布氏杆菌羊型 5 号冻干弱毒菌苗，只针对 3～8 月龄的犊牛，皮下注射每头牛 3～5 毫升，免疫期 1 年。

155　什么叫预防接种？

在经常发生某类传染病的地区或者有某些潜在传染病病原的地区、受到来自邻近区域某些传染病威胁的地区，为了防止传染病的发生，定期给健康牛群进行接种某类传染病疫苗，称为预防接种。

156　预防接种有哪些注意事项？

①免疫接种应于牛状态良好时进行，正在发病的牛群，除了那些已证明紧急预防接种有效的疫苗（如口蹄疫疫苗、传染性胸膜肺炎疫苗等）外，不应进行免疫接种。

②免疫接种时应注意接种器械的消毒，注射器、针头、滴管等在使用前应彻底清洗和消毒。接种工作结束后，应把接触过活毒疫苗的器具及剩余的疫苗浸入消毒液中，以防散毒。

③接种弱毒活菌苗前后各 5 天，应停止对牛群使用对菌苗敏感的药物，接种弱毒疫苗前后各 5 天，饮水应避免用消毒剂。

④同时接种一种以上的弱毒疫苗时，应注意疫苗间的相互干扰，两者间会产生相互干扰，使两者的功效降低，导致免疫失败。

⑤做好免疫接种的详细记录，记录内容至少应包括：接种日期，牛群的品种、日龄、数量，所用疫苗的名称、厂家、生产批号、有效期、使用方法及操作人员等，以备日后查寻。

⑥疫苗接种后应注意牛群反应，有的疫苗接种后会继发引起呼吸道症状，应及时进行对症处理。

157 怎样建立合理的免疫程序？

做好免疫接种是预防疫病流行的关键措施，但在生产上，各区域、各牛场可能发生的传染病不止一种，而预防这些传染病的疫苗性质又不尽相同，免疫期限也不一致，因此，各个牛场需要用多种疫苗来预防不同的传染病。另外，在防疫过程中，还应该考虑本地区疫病流行状况、母牛母源抗体状况、不同年龄牛的发病季节、免疫间隔时间以及以往的免疫效果等因素。这要求技术人员要科学合理安排免疫接种，制定科学合理的免疫程序，故合理的免疫程序必须在生产实践中不断摸索、总结经验，才能真正制定出适合本地区或者本牛场的免疫程序。

158 如何对牛群进行定期驱虫？

(1)选好驱虫药物　要选择广谱、高效、低毒、安全的药物给奶牛驱虫。目前认为较好的驱虫药物是阿维菌素，外用和内用皆可，对牛的绝大多数线虫、体外寄生虫及其他节肢动物都有很强的驱杀效果。另外，还有伊维菌素、丙硫咪唑、敌百虫等。在剂型上最好选用粉剂和片剂，因为针剂致牛过敏反应和中毒的概率远远高于使用粉剂和片剂。

(2)掌握驱虫时间

(3)准确施用药量　药物过量易引起中毒，药量不足，则达不到驱虫目的。因此，应准确估算牛的体重，严格按照说明书上的规定用药。但对怀孕奶牛其用药量控制在正常用药量的 2/3 为宜。

(4)注意禁用药物

159 怎样做好奶牛乳房的卫生保健?

(1)正确的挤奶程序　挤奶前牛只准备→挤奶前挤奶员的消毒→挤奶机及盛奶桶清洗消毒。

(2)清洗乳头　清洗乳头有3个过程:淋洗→擦干→按摩。淋洗时应注意洗的面积不要太大,因为面积太大会使乳房上部的脏物随水流下,集中到乳头,使乳头感染的机会增加。淋洗后用干净毛巾或纸巾、废报纸擦干,注意1头奶牛使用1条毛巾或1张纸,毛巾用后应清洗、消毒,然后按摩乳房,促使乳汁释放。这一过程要轻柔、快速,建议在15～25秒内完成。

(3)废弃最初的头两把奶　这样做有以下几个作用:能使挤奶工人及早发现异常牛奶和临床型乳腺炎;从乳导管中废弃含有高细菌数的牛奶,提供一个强烈的放乳刺激。这里应提醒的是,挤掉头两把奶可在清洗乳头前进行,也可在清洗乳头后进行。建议在清洗乳头前进行,因为这样可提早给奶牛一个强烈的放乳刺激。废弃奶应用专门容器盛装,减少对环境的污染。

(4)乳头药浴　乳头药浴是控制乳腺炎效果最好而费用最少的首选方法。临产期每日2次,泌乳期每日3次,干奶后1周内每日1次。尤其注意做好下列3个泌乳期的药浴工作:①每年7、8、9月份温度高,湿度大,病原微生物繁殖能力增强,奶牛感染机会增加;②第1、2个泌乳月时产奶量达到最高,母牛采食量增加,乳房负担大,乳腺炎的发生率增高;③接近泌乳期结束时,由于长期挤奶,乳头管开放程度提高,外界病原菌易侵入乳房。药浴液可选用2%～3%次氯酸钠、0.5%～1.0%洗必泰、0.1%雷佛奴尔、0.1%～0.3%新洁尔灭、0.5%碘酊、0.2%过氧乙酸、0.5%～1.0%聚维酮碘溶液等,现用现配。应注意经常更换消毒液,以免菌株产生耐药性而影响消毒效果。

160 怎样做好奶牛乳腺炎的检测和控制?

①奶牛乳腺炎应以预防为主;良好的环境、正确的挤奶程序会大大降低乳腺炎的发病率。乳腺炎感染严重的牛,治疗费用高,治愈后影响产奶量,应予以淘汰;对于一些有价值的牛,应在干乳期进行治疗。在干乳期,采用多种抗生素灌注乳房,经过释放,使抗生素的有效浓度在乳房内持续生效,既消灭了寄生在乳房内的传染性病菌,也预防了外界环境中的病原菌对乳房的入侵。

②进入干乳期之后,由于停止了挤奶,乳房内的白细胞和免疫球蛋白数也随之

骤然减少，加之取消了每日的乳头药浴，因此在停奶后的3周内极易发生环境病原菌的感染。对于耐药菌在泌乳期间难以在乳房内彻底消灭，而经过干乳期治疗后，效果理想，所以牛群可显著降低下一个泌乳期的乳腺炎发病率。

③干乳期奶牛乳腺炎的治疗步骤：干乳期治疗方法是在奶牛产奶期结束时，即在最后一次挤完奶后，清洗乳房4个乳头并擦干，再用酒精棉消毒10～15秒。消毒时先消毒远端乳头，再消毒近端乳头，然后从近端乳区开始反序灌注干乳期治疗药物。将注入针管插入乳头管3～4厘米，注入药物，每个乳区注药1支，然后用红霉素或金霉素软膏封闭乳头口，再药浴乳头1次。治疗的奶牛应从泌乳群分离开，并做好标记。用药时须严格消毒，灌注时乳针不要插入乳头管太深，以免引起乳头括约肌暂时性舒张，导致病原菌易于进入乳腺。干乳期使用药物主要是高浓度的长效抗菌药，药物能在干乳牛乳房内缓慢释放，有效期可达4～8周。目前应用药物主要有膏剂、油剂及微囊剂等缓释剂型。由于泌乳期使用药物的药效最长为1天，所以不能用于干乳期乳腺炎的治疗。

161 如何减少牛蹄病的发生？

(1)奶牛日粮营养要平衡　奶牛蹄病与日粮不平衡有直接关系，因此要检查奶牛日粮中的营养平衡状况，比如矿物质、微量元素、维生素的缺少均会导致蹄病的发生。奶牛日粮结构中的精、粗饲料比例要科学合理，优质的粗料是奶牛必需的营养需要。

(2)牛床、运动场环境必须要干燥、清洁、卫生　干净整洁的场地是奶牛蹄部健康的必要条件，运动场内不要用煤灰渣或者碎石子铺垫，以免损伤蹄部。有条件要把卧床铺好，更有利于奶牛的休息。

(3)合理的护蹄是防控肢蹄病的关键

(4)规范的选育是预防奶牛蹄病的核心

162 暴发急性传染病应采取哪些措施？

(1)隔离　隔离是扑灭传染病的有效措施之一。一旦发生传染病，在明确诊断和判断其性质之后，立即采取隔离措施。如果发病牛只少，则将病牛剔除迁移至隔离舍或较为偏僻的地方；若发病牛只较多，则将健康牛隔离到完全牛舍饲养，同时对病牛进行治疗和必要的处理，对认为是健康的牛只进行紧急接种。

(2)封锁及消毒　在发生某些危害较大的烈性传染病时，应立即报告当地政府主管部门，划定疫区范围进行封锁。封锁应贯彻“早、快、严、小”的原则实施，并做到：禁止易感动物进出封锁区域，对必须通过封锁区的车辆和人员进行消毒；对病牛进行隔离、治疗、急宰，对污染的饲料、用具、牛舍、垫草、粪便、环境等进行严格消毒，对动物尸体进行深埋或焚烧，对未发病牛只进行紧急预防接种，建立免疫带。

(3)紧急预防和治疗　发生传染病时，除进行严格检疫、隔离、封锁、消毒等处理措施外，对疑似病牛及假定健康牛可进行紧急预防接种。预防接种可用疫苗，也可用血清。为能较快产生免疫力，在接种疫苗时可适当加大剂量或同时应用免疫促进剂，加强观察，一般情况下，如果不是在感染潜伏期，则通过紧急预防接种，能产生良好的免疫力。

(4)淘汰病牛　对于病毒性传染病，病程长且疗效不佳，治疗费用过大；有些牛病属人畜共患的病具有传染威胁，上述情况都要果断地进行淘汰，并且要在严密消毒的情况下进行。

163 常见牛病诊断技术包括哪些？

(1)问诊　通过询问方式，向饲养员了解疾病发生发展的经过、症状以及治疗情况。问诊常包括以下内容：

①生活史：包括建场年限、牛群发展史、牛群大小、病牛来源和引入时间、病牛品种、血缘，以及犊牛的哺乳与出生后各阶段的饲养管理和生长发育情况；成年牛的配种、妊娠、分娩、胎次、产乳量、饲养管理和环境卫生等。

②既往史：包括过去发病治愈等防治情况，以及本地区疫源和疫情等。

③现症史：包括现症何时发生，群发还是散发，发病的最初症状，以后的变化经过，治疗过没有，用过什么药，效果如何，以及饲养员对病牛现症的意见。

(2)视诊　用肉眼观察病牛的各种生理现象及其所呈现的各种异常变化，必要时可借助器械进行视诊。视诊按先远后近，即前、左、后、右、前顺序边走边看；先作大体视诊，再作局部视诊；先静态观察步态，后动态观察，即先观察病牛在自然状态下的全貌，后观察其行走、跑步等运动情况。

(3)触诊　用手或器械抚摸或触压被检查的部位，以确定病变的位置、硬度、大小、温度、压痛、移动性和表面状态等。直接触诊可用于体表的温度、湿度、肌肉紧张性以及心搏动和脉搏以及腹部器官的检查。此外，用器械对创伤、瘘管、食道、尿道等进行探诊检查属间接触诊。

(4)叩诊　根据叩打动物体表所产生的音响推断深部被叩组织器官有无病理变化的方法。多用于胸腹部检查，间或用于额窦检查。叩诊方法有手指叩诊法和锤板叩诊法两种。前者适用于新生不久的幼犊；后者适用于个体稍大的犊牛和成年牛。叩诊时注意：叩诊板务必密贴体表，用同等力量垂直地作短而急的叩打，每次叩打 2～3 下。检查者的眼、耳应与叩诊板基本保持同一高度，便于发现叩诊音的改变和改变部位，并与对侧相应部位作比较。见图 38。

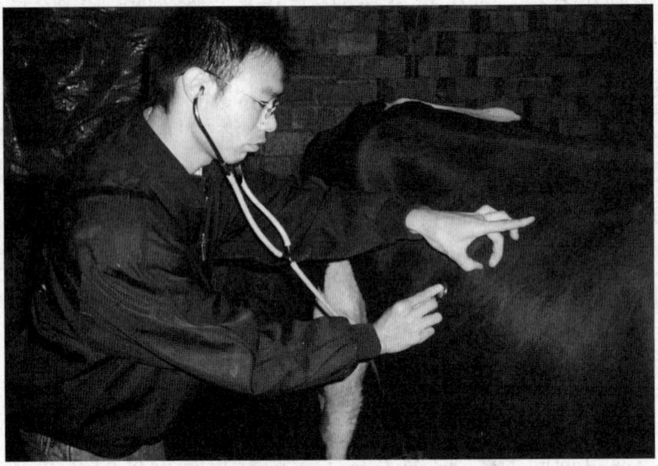

图 38　牛的听叩诊

(5)听诊　通过听取牛体发出的音响推断内部器官的病理改变，常用于心、肺及胃肠的检查。听诊可分为直接听诊和间接听诊。前者常用于咳嗽、气喘、磨牙等的检查；后者应用较多，特别是心、肺及胃肠音响的检查。间接听诊常与叩诊结合应用，以判定被检器官是否膨大而移位，及其与其他器官的界限。见图 39。

图 39　牛的躺卧听诊

(6)嗅诊　借助嗅觉对动物分泌物、排泄物和呼出气体及皮肤气味的辨别。如尿毒症时,皮肤或汗液带有尿味;临床酮病时,呼出气、汗液或排出尿液有芳香甜气味等。

164 牛整体及各系统疾病的诊断要点包括哪些?

(1)整体检查　查看牛的整体状况。

(2)皮肤检查　正常牛的鼻镜有冷感、珍珠汗,角根温热。检查时注意皮肤温度、湿度,皮肤弹性、肿胀、发疹以及皮肤完整性是否受损等。

(3)眼结膜检查　正常眼结膜呈淡粉红色,角膜表面光滑透明,有小的血管支分布,有棕黑色虹膜透出。检查时应注意其色泽和分泌物的变化及有无肿胀、病理损害(角膜翳、坏死、溃疡等)等。

(4)体表淋巴结检查　常检查的淋巴结有下颌淋巴结、肩前淋巴结、股前淋巴结、乳房上淋巴结等。主要用触诊检查其大小、硬度、温度、敏感性及活动性等。

(5)饮食欲检查　检查牛的饮水采食情况。

(6)反刍检查　主要检查采食后反刍出现的时间、昼夜反刍次数、每次反刍持续时间与反刍力量及每个食团的咀嚼情况。健康牛在饲喂后 20～90 分钟(平均 40 分钟)出现反刍;一昼夜反刍 4～8 次;一次反刍持续时间 40～50 分钟;一个食团咀嚼 40～60 次。否则,为病理现象。

(7)嗳气检查　嗳气是生理现象,健康牛每小时嗳气 20～40 次。嗳气减少是瘤胃运动机能障碍和/或前胃内容物干涸的结果;嗳气增加是瘤胃内发酵过程旺盛或瘤胃运动机能增强的结果。嗳气停止与食欲废绝、反刍消失常相一致,若伴有嗳气停止而发生瘤胃积气,应怀疑食道阻塞。

(8)腹部检查

①腹围检查:一般老龄者大,幼龄者小。在病理情况下,腹围增大可见胃肠臌气或积食及变位、子宫蓄脓、膀胱破裂、赘生物等;腹围缩小可见于长期饥饿、不食、腹泻和慢性消耗性疾病等。

②胃检查:包括瘤胃、网胃、瓣胃及真胃的检查。

③肠管检查:肠管听诊无多大价值,临诊上以直肠检查为主。直肠检查除对妊娠及生殖器官疾病有诊断意义外,对真胃扭转、肠变位亦有较高的诊断价值。

④排粪和粪便观察:主要观察奶牛排粪姿势(站立,两后腿分开,弓背,举尾,努责等)、排粪次数(一昼夜 12～18 次)、粪量(一昼夜 15～45 千克)、粪便硬度及颜色、表面(常有适度的薄层发亮黏液)、气味(无特殊臭味)等。最重要的是要仔细观

察粪便内有无异常混合物。

(9)呼吸运动检查　健康奶牛的呼吸为胸腹式(或称混合式)呼吸,有节律性,每分钟呼吸数10～30次。在病理情况下,呼吸数、呼吸式、呼吸节律等常发生改变,严重时出现呼吸困难。

(10)上呼吸道检查

(11)肺部检查

165 牛传染病的检测方法有哪些?

①细菌的涂片、染色、镜检,细菌的分离、培养及药敏试验;真菌的涂片镜检及培养特性;病毒的分离鉴定及培养(细胞培养、鸡胚培养等)。

②用免疫学诊断进行检疫,如体液免疫诊断(包括沉淀反应、凝聚反应、补体参与反应、中和反应、标记抗体技术等)和细胞免疫诊断。相应的检验方法要符合该传染病的流行病学、临床诊断症状及病理变化的特征。

166 牛寄生虫病的常用检验方法及实验室检测方法有哪些?

(1)临床诊断　详细观察症状,认真分析病因。

(2)流行病学材料的分析　深入养殖场,全面了解病畜的生活环境、使役情况、发病季节、流行状况、媒介的出没规律等。

(3)实验室诊断　从各种病料中查出病原体(虫卵、幼虫或成虫)是诊断寄生虫病的重要手段,这些方法包括:粪、尿、血液、骨髓、脑脊液以及发病部位的分泌物和病变组织的检查,必要时,采取病料接种实验动物,然后从实验室动物体内检查虫体,有时也可以借助尸体剖解发现特殊病变及虫体而建立诊断。

(4)诊断性驱虫　有些寄生虫病在患畜粪、尿及其他病料中没有虫体、虫卵的存在或少量难以检出,可采用针对某些寄生虫的特效驱虫药进行驱虫试验,等患畜排出虫体时进行检查鉴定而达到确诊。

167 如何观察病牛?

(1)仔细观察奶牛的采食情况　一般健康的牛,食欲佳,吃草料速度快,不挑食,反刍正常。如果在草料不变的情况下,发现牛食欲减退或者废绝,要及时进行诊断、治疗。

(2)观察粪便和尿液的变化　如果发现牛粪便干硬或腹泻拉稀，甚至有异味，并有血液和脓汁；如果尿液也发生变化，如颜色变黄或变红，或有酮体味道，亦是牛患病的表现。

(3)仔细观察牛的精神状态　健康牛动作敏捷，眼睛灵活，尾巴不时摇摆，皮毛光亮。如果发现牛眼睛无神，精神沉郁，喜欢卧地、呆立等，则表明牛患病。

(4)观察鼻镜　健康的牛鼻镜都有汗珠，且颜色红润，不受任何气候条件的影响；如果牛鼻镜干燥无汗，则是牛患病的表现。

(5)观察牛姿势　如果牛卧地不起，或走路较慢甚至跛行，则表明牛只患病。

168 怎样通过粪便来判断牛的疾病？

(1)不正常的粪便或排粪姿势　便秘：可见排粪困难，粪便少而干，见于某些热性病、肠道阻塞等；腹泻：见于肠炎和某些寄生虫病；排便疼痛：见于腹膜炎、肠炎和创伤性网胃炎；里急后重：牛排粪是频频努责，但是不见粪便排出，见于痢疾和皱胃炎症。

(2)粪便形状检查　如果粪便有酸味，见于肠炎和消化不良等；如果粪便呈粥样或水样，则见于腹泻；如果粪便干燥而且硬，则见于前胃疾病和便秘；如果粪便含有大量黏液，则肠管后端阻塞；如果有胶冻样物质，则表明肠扭转或变位；如果粪便发黑，则表明前段肠管出血；如果混有饲料颗粒，则表明消化不良。

169 病料送检时应注意什么问题？

①组织样要新鲜，尤其是要做电镜和作分离培养用的组织更要新鲜。

②取材时要遵循全面且有代表性的，能显示病变的发展过程。

③切取组织病样时要快速而准确，勿使组织受到挤压或损伤，以保持组织完整，避免人为因素引起变化。

④取材要尽量保持组织的自然状态与完整性，避免人为变化。

⑤对于特殊病理变化的要适当做标记。

⑥如果要做组织切片，要选择适当的固定液。常用的10%福尔马林溶液。固定液的剂量要相当于组织块体积的5～10倍，将组织投入固定液之后及时摇动，使组织块样能接触固定液。

⑦固定时间要适当。通常甲醛固定24～48小时，用水冲洗12小时就可以应

用；用 Zenker 氏液固定 12～28 小时后经水冲洗 24 小时，也可以应用。

⑧病理组织样的寄送。将固定完全和修整后的组织块样用浸渍固定液的脱脂棉包裹，放置于广口瓶或塑料袋内，并将其口封固，然后用大小适当的盒包装，寄送。

⑨接受送检标本时，应依据送检单详细检查送检物，经检查无误后，将标本编号登记，并在标本上贴上标签，以防错乱。

170 牛的颈静脉给药技术要领有哪些？

(1)部位　在颈静脉沟上 1/3 与中 1/3 交界处的静脉上，因为此处肌肉较薄，静脉比较浅在、游离性小，操作容易，便于注射。亦可在耳静脉上注射。

(2)方法　剪毛消毒后，以手指压在注射部位近心端静脉上，待血管充分怒张后，选择 16～20 号针头，对准血管中央以锐力使针头近似垂直地迅速刺入皮肤及血管，见有血液流出，即证明已刺入血管。使针头沿静脉方向向前刺入血管内 2～3 厘米方可注药。注射完毕，一手拿酒精棉球压紧针孔，另一手迅速拔出针头。为了防止针孔溢血，继续紧压局部片刻，最后涂以碘酊。见图 40。

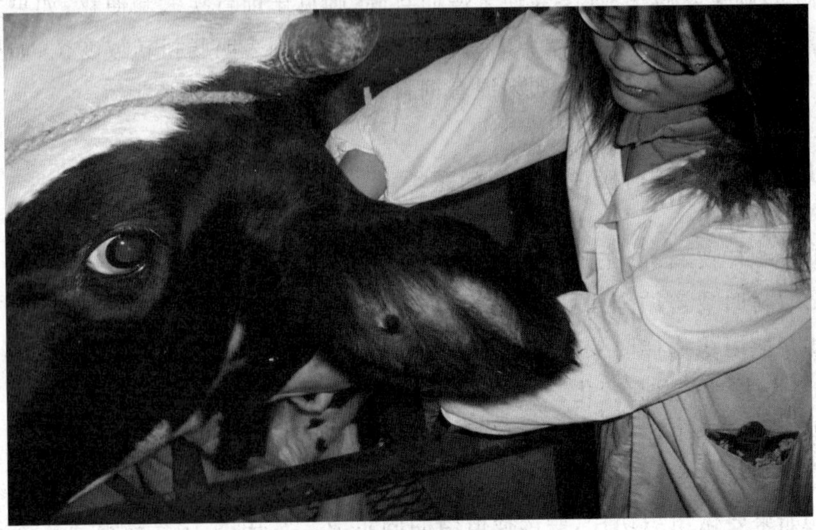

图 40　颈静脉注射

171 牛的皮下给药技术要领有哪些？

(1)部位　颈侧皮肤易移动的部位或肩胛后方的胸侧皮下组织疏松的部位。

(2)方法　局部剪毛消毒后，术者用左手3个指头握起皮肤形成皱褶，右手持装好药液并连接针头的注射器从皱褶的基部与皱褶相垂直方向刺入2～3厘米。放开皮肤，抽动活塞不见出血时，注入药液。药液多时，应分点注射。注射完毕，拔出针头，局部涂以碘酊。

172 牛的肌肉注射给药技术要领有哪些？

(1)部位　颈侧或臀部肌肉丰厚且无大血管、神经通过的部位。

(2)方法　局部剪毛消毒后，对于皮肤厚或保定不确实的牛，将针头先刺入肌肉内，再接连吸好药液的注射器，抽拔活塞确认无回血后，注入药液。或者先接好针头一次操作也可。注射时，不要将针头全刺入肌肉内，以免折断时不易取出。过强的刺激药，如氯化钙、水合氯醛、水杨酸钠、新砷凡钠明等不能作肌肉注射。

173 牛的腹腔注射技术要领有哪些？

(1)部位　在右侧肷窝中央或右侧从髋结节中部起，向最后肋骨引水平线，其中点向下约5厘米处。

(2)方法　局部剪毛消毒，针头垂直腹壁刺入3～5厘米，进入腹腔则抵抗力突然减轻，外活动范围较大，回抽无血及粪便残渣即可注射；注射药物时阻力较小。大量注药时，药液加热到与体温接近。

174 牛的气管注射技术要领有哪些？

(1)部位　在颈腹侧上1/3下界的正中线上，于第4～5或第5～6气管环间。

(2)方法　采用站立保定，固定头部，充分伸展颈部。局部剪毛消毒后，术者左手摸清气管环，右手持针垂直气管间隙刺入针头，深2～3厘米；刺入气管后则阻力消失，针头活动范围较大，抽动活塞有气体，然后慢慢注入药液。注射完毕后，局部涂以碘酊。

(3)注意事项　注射的药液应是可溶性并容易吸收的(红霉素、油剂、糖类药液等不能作气管注射)，否则有引起肺炎的危险；剂量不宜过多，以肌肉注射量的 1/4 剂量为宜，总量控制在 20 毫升以内；药液温度应与体温同高，以减轻刺激；为了防止或减轻咳嗽，可先注入 2%盐酸普鲁卡因溶液 5～10 毫升，以降低气管黏膜的敏感性；注射一定要缓慢，过快可导致痉挛性咳嗽，将药物咳出或发生窒息死亡。

175 牛的胸腔注射技术要领有哪些?

(1)部位　右侧第 6 肋间，或左侧第 7 或第 8 肋间的肋骨前缘，肩端水平线下方 2～3 厘米处或胸外静脉上方 2～5 厘米。

(2)方法　站立保定，剪毛消毒，术者左手将术部皮肤稍向前移动，右手持连接胶管(已夹闭)的 16～18 号长针头或套管针，沿肋骨前缘垂直体表刺入 3～4 厘米，然后连接注射器放开夹闭钳抽取胸腔积液；再行胸腔冲洗；最后注入药液。注射完毕，术部消毒。

(3)注意事项　穿刺排液速度不宜过快，以防止休克发生。穿刺中应防止空气进入胸膜腔发生气胸；在操作中应将附在针头上的胶管回转压紧，严防空气进入；操作完毕后，应使管腔闭合后才能取下注射器，再拔出针头。

176 牛的瓣胃注射技术要领有哪些?

(1)术部　牛在右侧第 8 至第 9、第 10 肋骨前缘与肩端水平线交点的上下 2 厘米范围内。

(2)方法　站立保定，剪毛消毒。用 15～20 厘米长的 16～18 号穿刺针，与皮肤垂直并稍向左肘突方向刺入，当感觉有抵抗力时，刺入 3～5 厘米即可进入瓣胃内。针头可随瓣胃蠕动呈“∞”形摆动(但在秘结时则不能)，当注入适量盐水后迅速回抽可见到草屑，则证实已刺入瓣胃，此时便可注入大量药液。注完后用手指堵住针尾片刻，最后慢慢拔出针头，术部涂碘酊。

177 牛的生殖股神经封闭技术要领有哪些?

(1)应用　乳房神经干封闭(即生殖股神经封闭)，对浆液性、纤维素性、黏液性和脓性的急性、慢性期乳腺炎都有良好效果。

(2)部位　患侧的第 3 腰椎横突正中外线与背最长肌外缘(距体中线 6～7 厘米)的交点上。

(3)药物　2%～3%普鲁卡因20～30毫升。

(4)方法　局部消毒,用10～12厘米直径1毫米的针头,以55°～60°角在上述部位进针,插到椎体(深度为6～9厘米),向后退2～5厘米,注入整个药量的80%～90%,再将针头退至皮下注射余下的10%～20%药液。经15分钟即达麻醉,持续2～3小时,乳头括约肌松弛,但乳镜仍有痛感。倘若在坐骨弓下3厘米处的会阴筋膜中再注射2%～3%普鲁卡因20毫升以封闭会阴浅神经(支配乳房后部皮肤),则麻醉更加完全。术后消毒。此法每日1次,共用4次。奶牛生殖股神经封闭见图41。

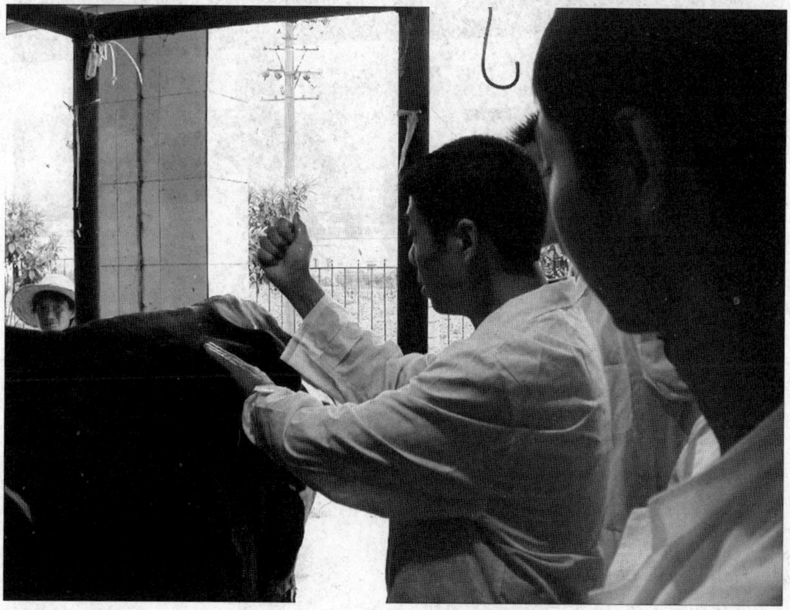

图41　奶牛生殖股神经封闭

178 牛的子宫冲洗疗法技术要领有哪些?

子宫冲洗法是一种传统的方法,目前大多数奶牛场兽医和个体兽医经常使用。常用的子宫冲洗液有1%的生理盐水,0.5%的来苏儿,0.1%～0.2%的雷夫奴尔,0.05%的呋喃西林,0.02%的新洁尔灭等。邢震全等2001年报道,冲洗一般可用3%～5%盐水500毫升,5%苏打水500毫升,0.5%来苏儿500毫升,0.1%高锰酸钾溶液或雷夫奴尔溶液500毫升,另外也可用0.05%呋喃西林或0.02%新洁尔灭500毫升,反复冲洗,效果较好。清洗子宫除了隐性子宫内膜炎外,其他几种类型的子宫内膜炎在药物治疗前必须先对子宫进行清洗。清洗子宫的必经之路是子宫颈口,其颈口的开张和封闭是受生殖激素的周期性调节,要顺其自然地利用好开张时期,不可强行插管。子宫冲洗及直接投药法,使原来较浓的污秽物得到冲淡,易于排出体外,消毒冲洗液还可将细菌杀灭;药物可直接到达病变部位,提高药物疗效。见图 42。

图 42　奶牛子宫冲洗

179　牛的胃管投药技术要领有哪些?

(1)应用　适用于大量水剂或可溶于水的流质药液的灌服。

(2)用具　因动物个体大小选用相应口径及长度的胃管、开口器、漏斗等。

(3)方法　一般经口插入,也可经鼻插入。站立保定并适当抬高牛头打开口腔,装入中央有孔的开口器并从两侧拉紧于牛头上,术者从开口器中央孔将胃管插入。当其前端抵达咽部时,即感阻挡,在此稍后,待其吞咽时顺势推进,或作轻微进退,诱其吞咽插入食道。最后解下中央有孔的开口器。另外,也可将胃管经一侧鼻孔插入。

(4)注意事项　动物有鼻炎、咽炎及明显呼吸困难时不宜使用胃管投药。投药时,须检查确实插入食道后方可投药。否则,会将药液投入气管与肺而引起异物性肺炎或窒息死亡。因此,在投药前用下述方法进行综合判断。

180 牛的乳房送风疗法技术要领有哪些？

①准备使牛横卧，挤净乳房内的积奶，先用1%新洁尔灭溶液清洗乳头，浸泡乳导管和乳房送风器(浸泡30分钟后再用开水将消毒液冲净)。

②将消毒过的且在尖端涂有少量润滑剂的乳导管轻轻插入乳头管内，用一次性注射器给每个乳区注入青霉素10万单位和链霉素0.25克溶于20～40毫升生理盐水中。

③4个乳区均应打满空气，打满时，乳房皮肤紧张，乳腺基部边缘清楚并且变厚，同时轻敲乳房呈现鼓音为宜。

④打满气后，用宽纱布条将乳房头轻轻扎住，防止空气逸出。等待病畜站起后，经过1小时，可将纱布条松开。

⑤结果绝大多数病牛在打满空气后10分钟，鼻镜开始变湿润，15～30分钟眼睛睁开，头颈姿势恢复正常状态，各种反射逐渐恢复，站立后，立即进食，基本恢复常态。

181 牛的瘤胃穿刺术技术要领有哪些？

瘤胃穿刺主要用于反刍动物瘤胃臌气的急救，排除蓄积于瘤胃内的气体，以防窒息或进行瘤胃投药。

(1)部位　在左肷窝部，由髋结节向最后肋骨所引水平线的中点，距腰椎横突10～12厘米处或在左肷窝臌胀最明显处穿刺。

(2)方法　站立保定，剪毛消毒。在术部作一小的皮肤切口，插入套管针，向右侧肘头方向迅速刺入10～12厘米，固定套管，抽出内针，用手指间断堵住管口，间歇放气。放气时速度不宜过快，以防止急性脑贫血，造成虚脱。若套管堵塞，可插入内针疏通。气体排除后，为防止复发，可经套管向瘤胃内注入消毒防腐药。对牛可注入5%煤酚皂液200毫升或1%～2.5%福尔马林液500毫升等。拔针前须插入内针，并用力压住皮肤慢慢拔出，以防套管内污物污染创道或落入腹腔。若对皮肤切口，则结节缝合，局部涂以碘酊。

182 直肠检查的功能及注意事项有哪些？

(1)功能　通过直肠检查子宫有无妊娠及胎儿的胎龄大小；在繁殖障碍疾病

中，可以通过直肠检查触摸子宫及卵巢的病理变化；对母畜的生殖状态进行评价，是产科临床中必须掌握和熟练运用的方法。

（2）直肠检查注意事项

①直肠检查只能在肠壁弛缓状态下进行，遇努责或肠管蠕动紧缩时应停止操作。当出现强烈努责时，将手臂向外排挤，手臂切忌用力硬推，否则易造成肠壁穿孔。因努责影响操作时，可采用手指掐捏母牛背部脊柱，以减弱或停止努责。

②直肠持续性收缩，肠壁紧套于检查者手臂上，但并不向外挤压，致使手臂无法自如地探摸，此时也可以用上述方法制止努责，促使肠壁停止收缩。

③直肠壁绷硬，向骨盆腔周围膨起呈坛状，手掌在直肠内拍打时，可以听到敲击瓷坛声。遇此状态，可将手收指聚拢成锥状，缓缓向前推进，刺激结肠的蠕动后移，以促使直肠壁舒展变软。

④在直肠内探摸过程中，只允许使用指肚，切不可用指甲乱抠、乱抓、乱划。

⑤在直肠内寻找不到目的物时，应间隔一定时间将手臂取出来查看有无血迹，以便及时发现肠壁破损并及时进行医治和处理。图43为牛的直肠检查。

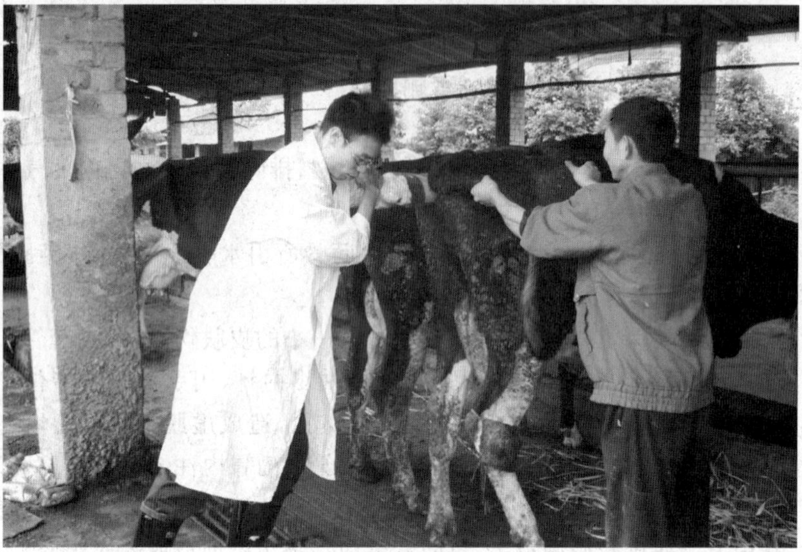

图43 牛的直肠检查

183 如何进行牛直肠检查？

①将被检牛保定在诊疗架内。

②检查者站在母牛臀部的后侧方(右手检查站与左侧,左手检查时站与右侧,左或右腿向前踏半步,右或左腿在后斜向站立)。不用于检查的收尾巴拉于一侧,并将它按压在同侧臀部上作为一个支点。

③给母牛的肛门周围涂以润滑剂,并抚摸肛门,避免突然接触,引起母牛的惊慌。

④将手指并拢呈楔状,缓缓地旋转插入肛门。手臂伸入肝门后,直肠内如有宿粪,可用手指扩张肝门,使空气进入直肠内,促使宿粪排除。排不出时,用手掏出粪便,少量而多次。

⑤掏取粪便后,应当再次向手臂涂以润滑剂,伸入直肠,即可探查欲检查器官。

⑥检查者必须具备相关解剖和妊娠生理知识。这是着手进行检查和提高准确率的先决条件。

184 口蹄疫对养牛业有哪些危害?牛口蹄疫的诊断要领及综合防控原则有哪些?

(1)病因　口蹄疫(FMD)是由口蹄疫病毒引起的一种急性、热性、高度接触性传染病。本病可快速和远距离传播。

①易感动物多。易感动物多达 70 种,主要包括猪、牛、羊等主要畜种及其他家养和野生偶蹄动物。

②临床特征是在口腔黏膜、蹄部和乳房皮肤发生水疱性疹。该病传播途径多、速度快,曾多次在世界范围内暴发流行。

③对于奶牛生产的危害:导致成年母牛口腔溃烂,采食量剧减,奶产量剧减,乳房水疱容易继发病毒性乳腺炎且很难根治,导致巨大经济损失。

④对于肉牛的危害:主要是采食量降低,生产性能大大降低,从而导致巨大经济损失。

(2)流行情况及诊断要点　病畜和潜伏期带毒的动物及其排泄物和分泌物是本病的主要传染来源。传染方式:有直接感染,如病牛与健康牛接触,同槽共食;也有间接传播,即是通过各种媒介物,如病牛的唾液、乳汁、尿粪所污染的饲料、饮水、垫草、牛栏、用具及其病牛的乳制品和未加工的畜产品的间接接触等;风和鸟类是远距离传播的因素之一。传播途径:主要是消化道,也可经黏膜、乳头及受损伤皮肤感染。危害:口蹄疫发生后,经 2～3 天,即可波及全群,如紧急防治不严,可造成大流行。

综合防控:

a.时积极预防、加强检疫,定期注射口蹄疫疫苗。

b.周边有疫情发生,立即实施自我封闭管理和采取其他应急防控措施,加强消毒灭源和严防疫情扩散。

c.速开展紧急免疫。注射O型双价苗的基础上,加强A型苗的注射。

d.严格执行封闭期管理制度。

185 牛炭疽病的防治要点有哪些?

(1)治疗法　本病治疗关键在于早发现、早治疗。常用的疗法有血清疗法、抗生素疗法、磺胺疗法,同时做好肠胃消毒、利尿、解毒、强心等对症治疗措施。

①血清疗法。可用抗炭疽血清进行早期治疗,一般在血清注射后12小时,体温便可恢复正常。为了巩固疗效,可于第二次重复注射一次。

②抗生素疗法。

③ 磺胺类药物治疗本病也有特效。用磺胺嘧啶钠或磺胺噻唑钠溶液,肌肉注射,80~100毫升/(次·头),2次/天,3~5天一个疗程。

(2)常规预防　加强牛群饲养管理,做好炭疽疫苗免疫接种,搞好养殖环境卫生,定期组织全舍消毒,积极捕杀养殖舍内吸血昆虫。此外,要保证饲喂草料洁净卫生,饮水水源安全无污染,不要到受到污染的草地放牧。积极做好引种,确保引进种源的安全,认真检疫相关动物性产品,避免各种传染源混入牛群。

186 牛布氏杆菌病的临床表现有哪些?如何检测和防控牛布氏杆菌病?

(1)临床表现　该病潜伏期较长,一般为14~180天,多为隐性感染。该病常发地区,多为慢性,不呈显性经过,而一旦侵入清净区,则几乎都取急性经过,在妊娠牛群中常暴发流行。母畜中以头胎发病较多,可占50%以上,多数母畜只发生1次流产。老疫区发生流产的较少,但子宫炎、乳腺炎、关节炎、局部脓肿、胎衣不下、久配不妊者较多。母牛除流产外,其他症状常不明显。流产多发生在妊娠后第5~8个月,产出死胎或弱胎。流产后可能出现胎衣不下或子宫内膜炎。流产后阴道内继续排褐色恶臭液体。公牛发生睾丸炎并失去配种能力,有的发生关节炎、淋巴结炎等。

(2)检测

①血清学检测。样品采集血清、牛乳等。琥红平板凝集试验(RBPT)这是布氏杆菌病监测的常用方法。在玻璃板上均匀划4厘米正方形的小格,将被检血清与诊断抗原在玻璃板上混匀,如果4分钟内出现肉眼可见凝集现象者判为阳性(+),

无凝集现象，呈均匀粉红色者判为阴性(一)。

②试管凝集试验(SAT)试管凝集试验的具体规定标准如下：牛血清1∶100稀释度(含1 000 IU/毫升)出现50%(++)凝集现象时，判定为阳性反应；1∶50稀释度(含50 IU/毫升)出现50%(++)凝集时，判定为可疑反应。可疑反应的牛，经3～4周后重新采血检验，如仍为可疑反应，则判定为阳性。

(3)防控净化

①奶牛场必须100%监测，不得抽检。凡检出阳性牛的牛群为布氏杆菌病污染牛群。连续2次全群监测都是阴性为净化牛群。如在牛布氏杆菌病净化群中(包括犊牛群)检出阳性牛时，应及时扑杀阳性牛，其他牛按假定健康群处理。

②确诊为阳性牛后将患病动物及其流产胎儿、胎衣、排泄物、乳、乳制品等按照《畜禽病害肉尸及其产品无害化处理规程》(GB 16548—1996)进行无害化处理。阳性牛要立即采取无血扑杀，进行无害化处理(焚烧、深埋)。检出阳性牛的牛群应进行反复监测，每次间隔3个月，发现阳性牛及时处理。

③可疑牛的处理。可疑牛要立即隔离，限制其移动。用实验室方法进行诊断，若仍为可疑视同阳性牛处理。可疑牛确诊为阴性的，不要立即混入原群，隔离1个月之后再检测为阴性方可混群。

④尽早发现、控制、消灭传染源，切断传播途径是所有疫病防控的根本。奶牛场布氏杆菌病净化工作是一项艰巨的任务，应采取综合防控措施。必须坚持“预防为主”的方针，除了建立健全相关的规章制度，加强饲养管理，改善卫生条件以外，还要采取“监测、检疫、扑杀、消毒、无害化处理”相结合的综合性防控措施，最终将所有牛群变为净化群。

187 奶牛结核病的诊断要点及防控原则有哪些？

(1)发生与诊断要点

①乳房结核：病牛初期会出现乳房肿胀的症状，不久之后，在病牛的乳腺位置处会出现许多结节，大小各不相同。病牛的乳汁会逐步出现混浊、淡黄绿色，还常常会混合有黄色或者白色的凝乳块和絮状物。病情严重的病牛其乳房还会出现不出奶、萎缩的现象。

②肺结核：病牛出现肺结核是最为常见的。病牛体形消瘦，结膜苍白，食欲减退，常常会喷出脓性分泌物或者黏性分泌物。还会时常出现短促干咳。有下痢或者腹胀的现象发生，容易出现消化不良、疲劳出汗，被毛也会蓬乱无光。

③肠结核病牛常常表现为顽固性腹泻、消化障碍等症状，粪便有腥臭味，大多

混有脓汁或者血液。

(2)加强奶牛结核杆菌病检测　①确保公共卫生安全；②加强日常监测工作；③加强污染奶牛群的监测净化工作；④加强检疫工作，严防外疫传入；⑤积极开展牛结核杆菌病检测工作。

188 如何进行牛传染性胸膜肺炎的诊断及防控？

(1)诊断　初体温升高达40～42℃。呈稽留热型。鼻翼开放，呼吸急促而浅，呈腹式呼吸和痛性短咳。因胸部疼痛而不愿行走或卧下，肋间下陷，呼气长，吸气短。叩诊胸部患病侧发浊音，并有痛感。听诊肺部有湿性啰音，肺泡音减弱或消失，代之以支气管呼吸音，无病变部呼吸音增强。确诊应进行血清学检查(补体结合试验)和病原体检查。病原体检查可从病肺组织、胸腔渗出液与淋巴结取材。接种于10%马血清马丁肉汤及马丁琼脂，37℃培养2～7天，如有生长，即可进行霉形体的分离鉴定。

(2)防控　对急性胸膜肺炎必须进行输液，如大牛一瓶500毫升的糖盐水配4支氢化可的松＋青链霉素(青霉素8～10支；链霉素2支)，一次/天，连用5天。对慢性胸膜肺炎用磺胺嘧啶钠肌注，按0.1毫升/千克体重注射，1次/天，连用3～5天。还可用氟苯尼考按0.1毫升/千克体重＋4支5毫升地塞米松肌注，连用3～5天。预防：对疫区和受威胁区6月龄以上的牛只，均必须每年接种1次牛肺疫兔化弱毒菌苗。不从疫区引进牛只。

189 牛的黏膜病临床表现有哪些？牛黏膜病的诊断要点及防治原则有哪些？

(1)临床表现　本病潜伏期7～14天，根据临床表现可分为急性和慢性两种，急性病例发病突然，体温40～42℃，高热稽留，精神沉郁，食欲废绝，眼角有多量分泌物，鼻腔、口腔黏膜发炎、糜烂、坏死，流涎，严重腹泻，粪便恶臭，粪中常带有黏液或血液，部分病牛发生蹄叶炎，其趾间皮肤溃烂，皮肤与蹄壳结合部分离，跛行。慢性病例体温略升高，鼻腔、齿龈、上颚、舌体发生卡他性炎症、糜烂，部分病例出现腹泻症状，病牛被毛粗乱，消瘦，贫血。

(2)诊断　剖检可见食道黏膜层有纽扣状、直径2～3厘米大不规则的烂斑，呈线状纵行均匀排列；前胃、皱胃和肠道黏膜糜烂、易脱落；大肠黏膜有卡他性、出血性炎症，肠淋巴结肿大。其他脏器无明显变化。根据以上临床症状、剖检病理变化及流行季节，初步诊断为牛病毒性腹泻-黏膜病，通过牛病毒性腹泻抗原检测

(ELISA)显阳性,确诊为牛病毒性腹泻-黏膜病。

(3)防治　清洁场地,2%漂白粉消毒圈舍;0.3%高锰酸钾溶液清洗口腔和鼻黏膜,更换牛鼻绳,鼻黏膜、口腔及舌糜烂处涂擦碘甘油,3～4 次/天,连用 5 天;紧急免疫接种猪瘟脾淋苗 20～30 头份/头,肌肉注射黄芪多糖 10～20 毫升/头;控制继发感染,对症状严重者静脉滴注葡萄糖生理盐水、ATP、辅酶 A、葡萄糖酸钙、碳酸氢钠、维生素 C、B 族维生素、头孢噻呋钠等,另加清瘟败毒散煎水灌服,3 次/天,连用 5 天。经采取以上措施后,病情很快得到控制,没有再继续死亡,体温逐渐恢复正常,食欲增加,反刍次数增加,粪便成形,鼻镜有汗、呈露珠状。

190 牛猝死症的发病原因及诊断要点有哪些?

①关于本病的病因,近年来研究报道较多,尚无定论,一般认为牛误食氟乙酰胺污染的饲草或饲料;牛感染 A 型魏氏梭菌或致病大肠杆菌混合感染致发;牛严重缺硒、缺维生素 E 引起心力衰竭,导致的急性死亡。

②本病的确诊主要靠死后检查。可以采胃内容物进行毒物分析,也可采集肠管进行细菌学检查等。听诊时心率不齐,瘤胃蠕动迟缓;触诊神经敏感,惊獗。剖检有心房室瓣肿大,90%左右的病畜心脏缺血,少数严重充血,其他脏器无病变。

191 什么是疯牛病?如何防控疯牛病的发生?

①疯牛病(学名为牛海绵状脑病 BSE),是一种发生在牛的进行性中枢神经系统病变。症状与羊痒病类似,俗称"疯牛病"。疯牛病最早被认为是牛的一种新的神经系统疾病,发现于 1984 年。当时,英国的农场发现有牛患上了这种神经系统疾病,并具有传染性;1986 年 11 月英国报刊首次将该病定名为 BSE。到了 1989 年,疯牛病还是攻破了英国的近邻爱尔兰的大门。2003 年 12 月,美国发现首例疯牛病。不到 20 年的时间,疯牛病就已扩散到了欧洲、美洲和亚洲的几十个国家,这些国家大部分是由于进口英国牛肉而引发的。截至 2002 年,英国共屠宰病牛 1 100 多万头,经济损失达数百亿英镑,已有至少 137 人死于由疯牛病引起的新型"克雅病",其中多数在英国。目前中国尚未发现疯牛病病例。

②疯牛病的防控是一项系统工程,必须采取综合性防控措施方能见效。由于该病的潜伏期长、发展缓慢、无免疫应答等的特殊性,一般的防控措施无效。必须加强疫情监测,坚决不能从有发病史的地区进口牛肉。

192 牛副结核的发病特点及诊断要点有哪些？

①病牛早期出现间歇性腹泻，以后变成顽固性腹泻，粪便稀薄，常呈喷射状排出，恶臭，带有气泡和黏液。尾根及会阴部常混有粪污。腹泻有时可停止，也能复发。随病程进展，病牛高度贫血和消瘦，精神委顿，常伏卧。泌乳停止，被毛粗乱无光，严重下颌及垂皮水肿，最后因衰竭死亡。见图 44。

②据流行病学和症状特点，尤其病牛长期顽固反复下痢、逐渐消瘦，剖检回肠黏膜增厚，形成如脑回样皱襞，可初步诊断。确诊应进行细菌学和变态反应检查。

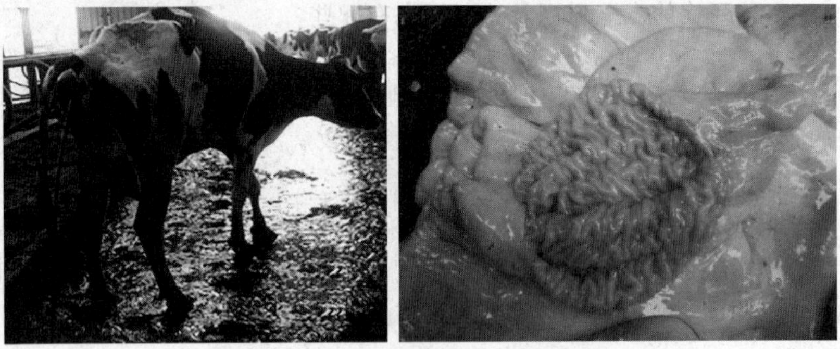

图 44　牛副结核腹泻及肠黏膜增厚

193 犊牛大肠杆菌病临床表现如何？怎样对犊牛大肠杆菌病进行预防及治疗？

（1）临床症状　以腹泻为特征，具体分为败血型、肠毒血型和肠炎型。主要以腹泻为特征。多发生在1～2周龄内的犊牛，病初体温高达40℃，数小时后开始下痢，粪便初期如粥状，黄色，以后呈水样，灰白色，并混有未消化的凝乳块、凝血及泡沫，有酸败气味，病的末期，病犊肛门失禁，高度衰竭，卧地不起，体温降至正常以下。最后因脱水及电解质失调，于1～3天内虚脱而死亡。如及时治疗，一般可以治愈，不死的病犊，恢复缓慢，发育迟滞，并常发生脐炎、关节炎或肺炎。

（2）预防　①改善环境卫生，保持牛舍特别是产房清洁、干燥，及时清除粪便和污物，并经常进行消毒，铺垫干燥褥草，接产时严格处理脐带。②加强饲养管理，加强妊娠母牛的饲养管理，饲料配比适当，给予足够的蛋白质、矿物质和维生素饲料，勿使饥饿或过饱，确保母牛有良好的营养水平，以保证初乳的质量和免疫球蛋白的含量。母牛乳房要保持清洁，犊牛出生后，一定要让其及早吃上初乳。

(3)治疗　采取母子同治的方法。母牛每天肌肉注射头孢噻呋钠 2.2 毫克/千克，一日一次，连用 3～5 天。对犊牛的治疗原则是抗菌消炎，增强机体抵抗力，补液、补碱以防止脱水和酸中毒，调节胃肠机能。

194 如何进行犊牛肺炎的诊断及治疗？

(1)根据常规检查方法　了解犊牛的健康状况。观察有无呼吸急促、咳嗽、气喘、流鼻液等临床特征，腹式呼吸是否明显；犊牛的采食量情况；听诊犊牛的心跳次数和呼吸次数，肺区的呼吸音有无减弱或异样；叩诊犊牛胸部；听有无浊音；按压犊牛肺区，观察有无疼痛避让等行为。

(2)治疗原则　主要是消炎、祛痰止咳、制止渗出以及对症治疗。

195 肉牛巴氏杆菌病临床表现有哪些？如何对肉牛巴氏杆菌病进行综合防控？

(1)临床表现　此病潜伏期为 2～5 天，根据临床表现可分为以下几种类型。

①败血型。病牛高热达 41～42℃，机体衰竭，皮温不整，鼻镜干裂，呼吸和心跳加速，食欲减退或废食。病初病牛便秘，之后转为腹泻，粪便呈液状并混有黏液、黏膜片和血液，恶臭。不久后，病牛体温下降，在 12～24 小时内因虚弱而死亡。

②浮肿型。除了全身症状外，在病牛的头颈部、咽喉部及胸前的皮下结缔组织，会发生迅速扩展的炎性水肿，手指按压处有热、痛且硬，后变凉，同时舌部及周围组织有明显肿胀，呼吸困难，出现急性结膜炎，皮肤和黏膜发绀，眼红肿，流泪，个别病牛下痢，常因呼吸极度困难而死亡。病程多为 12～36 小时。

③肺炎型。此型最常见，病牛表现为急性纤维性胸膜肺炎症状。病牛体温升高，呼吸极度困难，干咳且痛，流泡沫样鼻涕，后呈脓性。胸部叩诊有痛觉和实音区；听诊有支气管呼吸音及水泡性杂音，有时会有胸膜摩擦音。病初便秘，后期下痢并带有黏膜血液。病程在 3～6 天，有的病例会转为慢性。该型以慢性肺炎为主，病程多为 1 个月以上，最后衰竭而死。

(2)疫苗免疫　在曾有该病发生过的地区，每年定期进行预防接种。可在每年春季给牛注射牛出血性败血症氢氧化铝甲醛菌苗 5 毫升/头份，免疫力可维持 9 个月。

(3)药物治疗　发生该病时应迅速采取消毒、隔离、治疗等措施。必要时用高免血清或疫苗做紧急预防注射，如将抗生素和高免血清联用，则疗效更佳。当前我国治疗巴氏杆菌病使用的最为频繁的一类药物有青霉素、氨苄青霉素、先锋霉素、链霉素、庆大霉素、卡那霉素、新霉素、环丙沙星、恩诺沙星、红霉素、磺胺嘧啶钠及磺胺二甲嘧啶等。不同药物的疗效差异也较大。药物防治可有效地控制牛巴氏杆菌病的发生。往常用于牛巴氏杆菌病的青、链霉素等药物在生产实践中的防治作用已很低。但庆大霉素、卡那霉素、红霉素、氧氟沙星、双氟沙星、氟苯尼考、氨苄青霉素肌肉注射,并注意穿梭用药,防治效果非常显著。

196 奶牛冬痢的诊断要点及综合防治方法有哪些?

(1)症状　类似胃肠炎,具有传染性,但发生突然,病牛呈现腹泻症状,排出水样稀便,内含大量小气泡和鲜红色血丝或血凝块,具有腥臭气味,严重的呈喷射状排出棕红色水样便,并伴有脱水症状。越是高产牛,发病率就越高,症状也越明显。

(2)防治方法　①紧急药物预防:当出现第一头疑似病例时,在所有牛的精饲料中拌入环丙沙星或氟哌酸进行饲喂,每头每次用20～25克,每天喂2次,连用3天;②隔离消毒;③用防腐消毒剂消除肠道炎症常用药物有痢特灵3克或磺胺脒、碳酸氢钠各50克,给病牛一次服用。④尽早补液,维持电解质平衡。见图45。

图45　奶牛冬痢血便

197 牛传染性角膜结膜炎的病原及临床表现有哪些？如何防治牛传染性角膜结膜炎？

(1)病原　传染性角膜结膜炎主要由牛摩拉氏杆菌引起的一种主要侵害反刍动物眼的急性传染病。

(2)临床表现　急性型病初，患眼畏光、流泪，眼睑肿胀、疼痛，眼不能张开。结膜潮红，血管怒张，流出黏性脓性分泌物。病轻时，仅是结膜炎或轻微角膜炎，并在短期内恢复。严重时，在 4 天内，角膜的中央稍浑浊，其后扩散，伴有角膜增厚。血管从边缘分布，致使不透明的角膜外围呈红色，上面覆盖着黄色沉着物。随着病程延长，眼内压增高，使角膜向外凸出，呈尖圆形的丘疹状隆起，造成视觉失职，间有破裂形成溃疡。溃疡如累及上皮和波曼氏膜(角膜前弹力层)，则 1～2 周内可以康复，如累及固有膜，尤其是脓性细胞的继发感染，尤其是固有膜的间质组织增加，角膜色灰暗，溃疡面上可清楚见到黄色脓性纤维性沉着物。

(3)预防　①可试用牛摩拉氏杆菌许多免疫原性不同的菌株制成的多价灭活菌苗。犊牛在注射菌苗后 4 周可产生免疫力；②加强饲养管理，注意驱除蚊蝇，由于传染性角膜结膜炎在强烈紫外线照射下极易产生典型症状。因此，应尽量避免牛只受阳光直射。

(4)治疗　球结膜注射，首先用 0.2%利凡诺尔液或 0.1%硼酸液清洗眼内分泌物，后用庆大霉素 1 毫升(2 万单位)，地塞米松 1 毫升(2.5 毫克)，2%普鲁卡因 1 毫升，混合在患侧眼球结膜下一次注射。也可滴入青霉素溶液(每毫升含 5 000 U)，或涂四环素眼膏。也可用中药治疗：①三砂粉(硼砂、朱砂、硇砂各等份，研为粉末)用竹管吹入眼内。②硼砂 6 克、白矾 6 克、荆芥 6 克、防风 6 克、郁金 3 克，水煎后去渣，趁温洗眼。

198 犊牛沙门氏杆菌病的诊断要点及防治方法有哪些？

(1)急性型　犊牛发病后表现体温升高 40～41℃，精神委顿，不食，排出黄色稀粪便，继而混有黏液，带血丝，严重者出现血便，有部分犊牛并发肺炎，则出现咳嗽和气喘等表现，一般一周左右死亡。慢性型：病犊呈现周期性腹泻，有时出现关节炎和腱鞘炎。成年牛的经过与犊牛相似。孕母牛常发生流产。

(2)治疗　复方新诺明按体重 70 毫克/千克口服，首次剂量加倍，每日 2 次。与此同时，若病犊出现腹泻脱水可补水补碱，用 5%葡萄糖生理盐水 1 000 毫升、20%葡萄糖 250 毫升、5%碳酸氢钠液 150～200 毫升一次静脉滴注，每日 2～3 次。

199 牛放线菌病的临床表现及综合防控措施有哪些？

（1）临床表现　病牛上、下颌骨肿大，界限明显。肿胀进展缓慢，一般经过6～18个月才出现一个小而坚实的硬块。有时肿大发展较快，牵连整个头骨。肿胀部初期疼痛，晚期无痛觉。病牛呼吸、吞咽和咀嚼困难，很快消瘦。有时皮肤化脓破溃，脓汁流出，形成瘘管，长久不愈。头、颈、颌部组织常发硬结，不热不痛。舌和咽部组织发硬时称为“木舌病”，病牛流涎，咀嚼困难。乳房患病时，呈弥散性肿大或有局灶性硬结，乳汁黏稠，混有脓汁。见图46。

（2）防控　①预防的关键是防止各种外伤及黏膜损伤，科学地饲养管理，尤其不能在低洼潮湿地进行放牧，使用草料及谷糠一定要进行浸泡，软硬适中后方可饲喂，可有效避免口黏膜损伤。做好环境管理，及时清除各种污物，保证饲养环境洁净卫生。定期组织消毒工作，彻底清扫之后可用浓度为5%的碘仿醚溶液或相同浓度的漂白粉溶液对牛舍、所用用具、周边环境等进行彻底消毒。②牛放线菌对红霉素、四环素、林可霉素均有很强的敏感性，而林氏放线菌对磺胺敏感性较强，临床可根据病情，适当增加用药剂量，疗效很好。硬结较小时，可直接在其周边注射链霉素和青霉素。同时，配合碘化钾进行全身治疗，疗效较好。硬结较大者，可直接切除。如果有瘘管形成，可连同瘘管直接切除，切除后流行的创腔用浸泡过碘酊的纱布塞满，其后每日要更换1次。为了避免外伤感染，可在伤口周边注射浓度为10%的碘仿乙醚。为了配合治疗，建议同时内服碘化钾，犊牛：2～4克/次，成牛：5～10克/次，以0.5～1个月为一个疗程。此外，对于重症患者，可静脉注射浓度为10%的碘化钠，50～100毫升/天，隔日注射1次，连续注射3～5次。如果治疗期间出现流泪、脱毛、消瘦等症状，此为碘中毒迹象，应该立即停止用药。

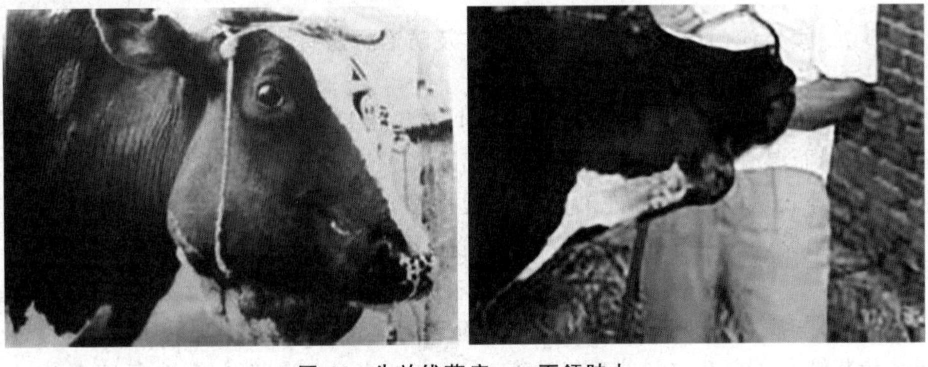

图46　牛放线菌病——下颌肿大

200 牛常见的寄生虫病有哪些？寄生虫病对牛的危害有哪些？

①生产实践中，由寄生虫引起的牛疾病很多，如牛球虫病、牛焦虫病、牛蛔虫病、牛绦虫病、牛疥螨、痒螨病、牛胎儿滴虫病等。

②危害：寄生虫慢性、消耗性致病过程给养牛业带来巨大的经济损失，其中隐性损失难以估算。胃肠道寄生虫致病过程中所产生的病症和危害都是缓慢的和消耗性的，掠夺牛的营养，产生毒素，使牛生长速度下降，饲料利用率降低。牛感染寄生虫后，通常在抵抗力下降或营养不良时表现出明显的临床症状，多为散发，渐行性消瘦、贫血、胃肠炎、下痢和水肿等，严重感染可致死，易继发其他各种疾病，常伴有咳嗽、气喘和发热等临床症状。

201 牛肝片吸虫病临床症状及综合防治措施有哪些？

(1)临床症状　幼虫在牛体肠壁、腹腔、肝实质内移动可引起炎症；成虫可导致牛患牛黄疸，堵塞胆管；虫体代谢物可被牛体吸收，引起贫血、水肿、营养不良等。染病后呈慢性经过，成年牛一般没有特殊症状，犊牛症状最为明显。患牛日渐消瘦、皮毛脱落、食欲废绝、反刍无力、行动迟缓，患病后期可见胸下水肿，触诊有波动感，但无疼痛表现。如果染病后有贫血症状，不及时治疗，可直接导致衰竭死亡。

(2)防治　①定期杀虫。②管理好牛粪。③消灭中间宿主——椎实螺。④注意牛群放牧地点、牧草及饮水的安全卫生。⑤硝氯酚，剂量：38 毫克/千克体重，药包在菜叶中进行喂服，或者采用注射剂，剂量：0.5～1 毫克/千克体重，肌肉注射。临床应用有良效。硫溴酚，混合饲料中喂服，40～50 毫克/千克体重，对于杀灭幼虫和成虫效果好。别丁，临床治疗，40～60 毫克/千克体重。三氯苯唑，这种药物用于杀灭肝片吸血虫效果较好，可达到100%的灭死率，安全系数比较大，口服，剂量 12 毫克/千克体重。治疗：芬苯达唑，口服，剂量：90 毫克/千克体重。

202 牛焦虫病临床表现、诊断要点及防治措施有哪些？

(1)临床表现　①巴贝斯焦虫病体表检查可发现多量蜱寄生。病初表现高热稽留，体温可升到 40～42℃。心跳、呼吸加快，食欲减退或废绝，反应迟缓或停止，奶牛产奶减少。病牛迅速消瘦，出现明显的贫血和黄染（结膜、唇、乳房、肛门附近明显）。多数牛出现啃土、血红蛋白尿、血液稀薄。诊疗不及时，可在 1 周左右死亡。

②泰勒焦虫病体表检查可发现多量蜱寄生，病畜高热稽留，体温可达 40～42℃。随后出现体表淋巴结肿大，尤其是下颌淋巴结和肩前淋巴结肿大明显，触诊有疼痛感。心跳呼吸加快，食欲减退。可视黏膜、肛门周围、乳房、阴囊等皮肤较薄处出现出血点或溢血斑。颌下、胸前发生水肿，迅速消瘦、贫血，可视黏膜轻微黄染。患病牛出现磨牙、流涎，卧地不起，有的也出现啃土，诊疗不及时，可在 1～2 周内死亡，急性病例可在 1～2 天内死亡。

(2)诊疗措施

①流行特点：焦虫的发生具有明显的季节性，一般为每年 5～9 月，7～8 月为发病高峰期。主要传播巴贝斯焦虫的牛蜱为野外寄生蜱。所以该病多发生于野外放牧的牛。主要传播泰勒焦虫的璃眼蜱为圈舍寄生蜱，所以该病多发生于舍饲牛。结合上述临床症状、剖解变化、实验室检测进行综合诊断。

②治疗：对症辅助治疗包括强心、补液、健胃、消炎等。用 50%或 25%葡萄糖、糖盐水、维生素 C、维生素 B_1、维生素 B_{12}、樟脑、肌苷、ATP、抗生素、安络血等以强心，营养，供能，生血止血，增强机体缺氧代谢能力，控制继发感染。加强饲养管理，提供优质饲草、精料，体质虚弱者饮奶粉，以增强抵抗力，避免高温放牧，风吹雨淋，减少应激反应。常用杀虫药物：三氮脒(又称贝尼尔、血虫清)，剂量为 7～10 毫克/千克体重，配成 1%～5%溶液深部肌肉分点注射，每天或隔天 1 次，共用 2～3 次。配合天王长安(长效土霉素，0.2 毫升/千克体重)和板蓝根注射液同时注射，效果非常好。青蒿素系列制剂(包括青蒿素、青蒿琥酯片剂、粉针剂、纳米制剂等)按 2～4 毫克/千克剂量口服或肌肉注射，配合应用消炎药(青、链霉素)和清热解毒药(氨基比林、柴胡等)效果好。

203 牛附红细胞体特有症状有哪些？牛附红细胞体的防治措施有哪些？

(1)临床剖解症状　发病牛精神沉郁，体温 41～42℃，稽留不退，呼吸加速，四肢无力，不愿走动，喜卧，食欲不振，瘤胃蠕动音弱，腹泻或排干硬粪便，尿黄，产奶量下降，部分病牛流泪及流浆液性鼻汁，可视黏膜黄染，贫血，背部及四肢末梢瘀血，淋巴结肿大，消瘦。

剖检病死牛，见其血液稀薄，皮下水肿，肝脏肿大，胆囊充盈、膨大，脾被膜有结节，肾脏有出血点，黏膜、浆膜、腹腔脂肪及肝脏黄染，腹水增多，并有出血性肠炎变化。

(2)治疗　用咪唑苯脲肌肉注射(3～7 毫克/千克体重)，5%葡萄糖、10%安钠咖静脉注射，同时补充右旋糖苷铁、维生素 C、维生素 B_1，对发病的 37 头牛进行治疗。给药第 2 天，病牛体温恢复正常，其他症状也逐渐缓解至完全消失。

(3)预防　搞好牛舍及饲养用具的清洁卫生。牛舍彻底除粪打扫 1 次，保持清洁干燥，定期消毒，杀灭体内外寄生虫和吸血昆虫。杀虫用 0.1%敌百虫溶液(或 0.1%溴氰菊酯)喷洒栏台内外及牛体表，每天 1 次，连续 5 天。同时用伊维菌素按 0.3 毫克/千克肌注 1 次，另给予丙硫苯咪唑，按 15 毫克/千克用量口服。

204 如何进行牛巴贝斯虫的诊治？

①突然出现体温升高至 41～42℃，呈稽留热，喜欢卧地，食欲减退或废绝，反刍迟缓甚至停止，流泪、流涎、眼结膜潮红等病症。重症牛开始排血红蛋白尿，黏膜苍白或黄染，回头顾腹，强行驱赶时步履蹒跚，呼吸急促，全身颤抖，逐渐削瘦。

②要早期治疗，同时注意对症治疗，健胃、强心、补液等。使用下列特效药物来消灭病原体。黄色素(锥黄素)：按体重 3～4 毫克/千克，用生理盐水配成 1%溶液静脉注射。病状未减轻时，24 小时再注射 1 次。贝尼尔(三氮脒)：按体重 3.5～3.8 毫克/千克，用生理盐水配成 5%溶液，过滤后灭菌，肌肉注射。每日 1 次，连用 3～5 天。

205 犊牛球虫病主要临床表现是什么？犊牛球虫病治疗药物有哪些？

①病牛犊初期精神沉郁，发生前胃弛缓或间歇性瘤胃臌气，之后表现为逐渐消瘦及营养不良，不愿站立和行走，常卧于地上，体温升高至 40～41℃，肠音增强，拉黄色稀粪，很快便中带血，颜色暗红或黑色，严重的粪便呈血样，常混有纤维素性薄膜或血凝块，恶臭，两后肢及尾黏附有污粪。有些病牛犊送诊时，已至病的后期，全身被毛粗乱，精神高度沉郁，反应迟钝，极度消瘦，不能站立，可视黏膜苍白，体温下降至正常体温以下，很快死亡。

②目前常用治疗犊牛球虫病的药物有：氨丙林、氯苯胍、磺胺二甲氧嘧啶；每千克体重氨丙林按 50 毫克、氯苯胍按 40 毫克、磺胺二甲氧嘧啶按 100 毫克投服。连续投药 6 天。治疗判断标准：临床症状消失，食欲恢复正常，粪便检查无卵囊，粪便潜血阴性，判为有效。

206 牛疥螨与真菌性感染临床表现异同点有哪些？

成年牛真菌性发病部位多在头部、颈部或肛门周围，犊牛多在口腔周围以及眼耳附近。病初在皮肤上出现豌豆大的小结节,逐渐发展成为界限明显的并被覆有灰白色或灰黄色麟屑的藓斑,被毛蓬乱,逐渐扩大,经1个半月至3个月,可达手掌大,痂皮随之增厚,被毛折断或脱落,犊牛患此病时,常呈水泡型,由于厚层痂皮覆盖,也称为面团脸,这是真菌性感染的有诊断价值的症状。鉴别诊断:真菌性感染,患部界限明显,呈圆形或者椭圆形痒感不明显。镜检发现真菌的孢子或者菌丝;疥螨患牛因剧烈瘙痒而不断摩擦造成皮肤创伤,渗出液形成痂皮,皮肤增厚,失去弹性、皮肤龟裂、脱毛为临床特征,从而影响采食,休息,严重时食欲不振,营养衰退,通过镜检可以发现螨虫虫体。

207 疥螨病治疗及防控措施有哪些?

(1)治疗

①根据疥螨的生活史,肌肉或皮下注射伊维菌素3毫升(剂量按200微克/千克体重计算),间隔10天再注射1次。②剪除患部周围被毛,彻底清洗并除去痂皮及污物,然后将敌百虫5克、来苏儿5毫升、温水100毫升混匀涂擦。此法适合于患部面积小的情况,当面积过大时,可分次分部位多次涂擦,绝对不可一次涂药面积超过体表的1/3。③同时圈舍地面及墙壁也要用3%二嗪农水乳剂或敌百虫5份、来苏儿5份、温水100份混合喷撒以杀灭环境中的虫体。开始用药时牛瘙痒症状加剧,但1周后症状明显减轻,患部皮肤开始好转,出血症状消失,病牛精神好转、食欲增加,15天后,病情较轻者,背毛光滑,结痂皮肤开始变色、好转,1个月后痊愈。

(2)预防　该病与湿疹、秃毛癣、虱和毛虱在临床上大致相似,应注意鉴别:湿疹痒感不剧烈,且不受环境、温度影响,无传染性,皮屑内无虫体;秃毛癣患部呈圆形或椭圆形,界限明显,其上覆盖的浅黄色干痂易于剥落,痒感不明显,疥螨检查阴性;虱和毛虱所致的症状有时与螨病相似,但皮肤炎症、落屑及形成痂皮程度较轻,容易发现虱与虱卵,疥螨检查也是阴性。疥螨病多发于冬春季节,在本病的预防上首先应加强检疫工作,引入家畜时应事先了解有无螨病存在,并作疥螨检查,确认无疫情者,方可合群。坚持“以防为主”的方针,有计划地对饲养牛群定期驱虫;同时应加强饲养管理,保持圈舍宽敞卫生、干燥、透光和通风良好,定期对圈舍和用具清扫和消毒;经常注意畜群皮肤有无发痒、掉毛现象,发现后应及时隔离饲养和治疗。治疗期间,应注意对饲养人员、圈舍、用具同时进行消毒,以免病原散布,不断出现重复感染。

208 牛的食道梗阻临床表现有哪些？

临床表现为采食中突然发病，停止采食，恐惧不安，头颈伸展，张口伸舌，大量流涎，呈现吞咽动作，呼吸急促；颈部食管阻塞时，外部触诊可感阻塞物，胸部食管阻塞时，在阻塞部位上方的食管内积满唾液，触诊能感到波动并引起哽噎运动；用胃导管进行探诊，当触及阻塞物时，感到阻力，不能推进；完全阻塞时，可迅速发生瘤胃臌胀；部分阻塞时，液体和流质食物可通过食管进入胃内，瘤胃臌胀及其他症状较轻。食管阻塞较长时间得不到排除者，可引起食道壁炎症、坏死或麻痹，还可引起组织蜂窝织炎，甚至肺坏疽。

209 食道梗阻的治疗措施有哪些？

(1)挤压法　牛采食胡萝卜等块根、块茎饲料而阻塞于颈部食管时，将病畜保定好，先向食管内灌入植物油或液体石蜡，然后以手掌抵于阻塞物下端，朝咽部方向挤压，将阻塞物挤压到口腔，用手或镊子取出；若为尖锐刺激物（如树枝、铁丝）须作局部麻醉后取出；谷物与糠麸引起的颈部食管阻塞，用双手手指从左右两侧挤压，将阻塞物压碎，促进阻塞物软化，使其自行咽下。

(2)疏导法　主要用于胸腹部食管阻塞。先向食管内灌入植物油或液体石蜡，然后将胃管插入食管内抵住阻塞物，缓慢把阻塞物推入胃中；颗粒状或粉状饲料时，可插入胃管，利用虹吸原理用清水反复冲洗，以便把阻塞物溶化、洗出，或者将阻塞物冲下。

(3)手术疗法　当采取上述方法不见效时，应施行手术疗法。颈部食管阻塞时，采用食管切开术；胸腹部食管阻塞时，可采用剖腹按压法治疗或瘤胃切开术。

(4)加强护理　当牛继发瘤胃臌气时，应及时施行瘤胃穿刺放气，阻塞物除去之前不要拔出放气针；病程较长者，应注意消炎、强心、输糖补液，维持机体营养，增进治疗效；排除阻塞物后，应使用抗菌药物，防治食管炎。

210 前胃弛缓病因及临床表现、诊断要点是什么？

引起前胃弛缓的病因有原发性和继发性两类。原发性前胃弛缓，又称单纯性消化不良，主要由于饲养管理不当所致，饲养不当见于饲料突然改变、饲料配合与调制不当、饲料饮水品质不良等因素，管理不当见于应激因素、异嗜或误咽不消化的食物、饲喂不定时、运动不足等。继发性前胃弛缓:病因复杂,是牛的一种临床综合征,许多系统器官疾病和其他疾病均可继发牛前胃弛缓,一般常见于口炎、创伤性网胃腹膜炎、瓣胃阻塞、皱胃阻塞、酮病、骨软症、子宫内膜炎、乳腺炎、牛流行热、布氏杆菌病、结核、前后盘吸虫病、梨形虫病和锥虫病等疾病,另外,长期或大量内服大剂量磺胺类或抗生素类制剂进行治疗,瘤胃内正常微生物区系受到破坏,消化机能紊乱,会造成医源性前胃弛缓。

诊断要点为采食草料突然减少或停止,有的出现异食,反刍缓慢或停止,粪便干硬、色暗,被覆黏液,或食欲时好时坏,不食精料喜食青干草,腹泻与便秘交替出现,瘤胃收缩力减弱,蠕动次数减少,触诊瘤胃内容物呈粥状或胀满、黏硬,时有间歇性瘤胃臌气,体温、呼吸、脉搏一般无明显异常。

211 前胃弛缓的治疗措施有哪些?

(1)除去病因　病初停食 1～2 天,给予充足的清洁饮水,再饲喂适量的易消化的饲料,优质干草,块根料要切碎,轻症病例可在 1～2 天内自愈。

(2)清理胃肠　为了促进胃肠内容物的运转与排除,可用硫酸钠或硫酸镁 300～500 克,鱼石脂 20 克,酒精 50 毫升,温水 6 000～10 000 毫升,一次内服,或用液体石蜡 1 000～3 000 毫升、苦味酊 20～30 毫升,一次内服。对于采食多量精饲料而症状又比较重的病牛,可采用洗胃的方法,排除瘤胃内容物,洗胃后应向瘤胃内接种 4～8 升健康牛瘤胃液或者反刍食团。重症病例应先强心、补液,再洗胃。

(3)兴奋前胃蠕动　可皮下注射氨甲酰胆碱、可赛比林、毛果芸香碱,促进瘤胃蠕动和反刍,但对病情重剧,心脏功能不全,伴发腹膜炎,特别是妊娠的母牛,禁止应用,以防虚脱和流产。同时也可应用促反刍液(5%葡萄糖生理盐水注射液 500～1 000 毫升,10%氯化钠注射液 100～200 毫升,5%氯化钙注射液 200～300 毫升,20%安钠咖注射液 10 毫升),一次静脉注射,并配合维生素 B_1,肌肉或静脉注射。使用健胃剂,可用人工盐 50～150 克内服。

(4)改善瘤胃内环境　调节瘤胃内容物 pH,当 pH 降低时,宜用碳酸氢钠 50 克,常水适量,一次内服,也可应用缓冲剂,氢氧化镁 200～300 克,小苏打 30～50 克,内服。必要时采取健康牛瘤胃液,给病牛灌服接种,更新瘤胃内微生物群系,提高纤毛虫的存活率,增进疗效。

212 瘤胃积食发病原因及主要临床表现有哪些?

主要临床表现常在饱食后数小时内发病,病牛表现腹痛、食欲废绝、反刍停止。

触诊瘤胃，病畜不安，内容物坚实或黏硬，拳压遗留压迹，有的病例呈粥状，腹部膨胀。瘤部听诊，瘤胃蠕动音减弱或消失。病畜便秘，粪便干硬，色暗；间或发生腹泻，排泄淡灰色带恶臭稀便或软便。手伸入直肠检查，瘤胃扩张，容积增大，充满黏硬的内容物。病的末期，病情急剧恶化，肚腹胀满，呼吸急促，脉搏加快，皮温不整，黏膜发绀，并呈现脱水和心力衰竭症状，陷于循环虚脱状态。

213 瘤胃积食的有效治疗方式有哪些？

(1)促进瘤胃内容物排出　一般病例，首先绝食，多次灌服温水，并进行瘤胃按摩；也可先灌服酵母，再按摩瘤胃。牛可用硫酸镁或硫酸钠 500～800 克加水灌服泻下，或菜油 1 000 毫升、鱼石脂 15～20 克、75%酒精 80～100 毫升，常水 8～10 升，混合内服，但必须配合补液。

(2)防止脱水与酸中毒　病程长的病例，反复洗胃后，可静脉输入糖盐水(5%葡萄糖生理盐水注射液)、20%安钠咖注射液，5%维生素 C 注射液，5%碳酸氢钠注射液，每日 2 次，达到强心补液、维护肝脏功能、促进新陈代谢、防止脱水、自体中毒的目的。

(3)恢复前胃机能　应用泻剂、补液后进行，可皮下注射毛果芸香碱或新斯的明 10 毫克，2 次/天，以兴奋前胃神经，促进瘤胃内容物运转与排除。静脉注射浓盐水(10%氯化钠注射液)或促反刍液，改善病牛中枢神经系统调节功能，促进反刍。必要时，接种健畜瘤胃液。

(4)瘤胃切开术　对危重病例，药物治疗效果不佳，病畜体况尚好时，应及早施行瘤胃切开，取出内容物，手术中取出物不应超过 2/3，并用 1%温食盐水冲洗。

(5)中兽医疗法　以健脾开胃，消食行气，泻下为主，应用椿皮散加承气汤或加味大承气汤。

214 瘤胃臌气发病原因及主要临床表现有哪些？

临床上急性瘤胃臌气表现为病牛左侧腹围急剧增大，肷窝突出，严重者高出背中线；触诊腹壁紧张而有弹性，叩诊呈鼓音，听诊瘤胃蠕动减少或消失；病畜食欲减退，反刍和嗳气很快停止。腹痛不安，回头顾腹腔，后肢踢腹，摇尾，步态不稳，有的卧地不起，呼吸困难，可视黏膜发绀；心搏增强，静脉怒张，脉搏细弱，体温变化不大，如果治疗不及时，很快因窒息或因心脏麻痹而死。慢性瘤胃腋气多为继发性因素引起，常为间歇性反复发作，经治疗虽能暂时消除臌胀，但极易复发。见图 47。

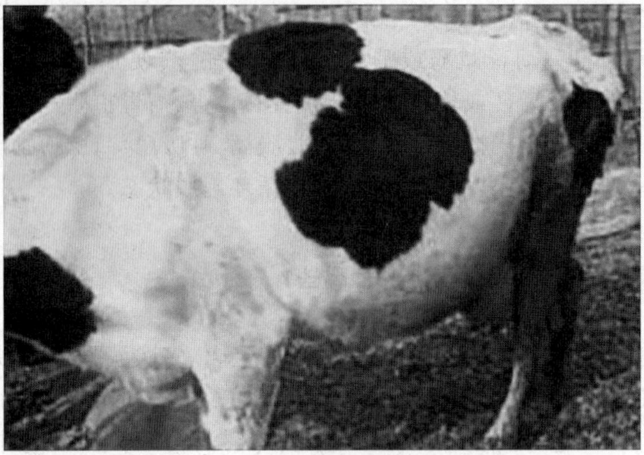

图 47　牛瘤胃臌气

215 急性臌气与泡沫性臌气在临床上分别如何处理？

对于急性瘤胃膨气，应迅速排除瘤胃内的气体，可使用胃管插入胃内排气；或使用套管针穿刺瘤胃放气，穿刺部位为左侧髋结节与最后肋骨边线的中点，或选用瘤胃隆起最高点穿刺，放气时应缓慢，以免发生脑贫血而引起死亡，放气后从套管针筒内注入0.25%普鲁卡因液50～100毫升，青霉素400毫升；同时为防止瘤胃继续发酵，可内服止酵剂，如鱼石脂15～30克，酒精100毫升或松节油30～40毫升，来苏儿15～30毫升等内服。

对于泡沫性瘤胃臌气，以消除泡沫为主，再行放气宜选用消沫药，如二甲基硅油2.0～2.5克内服，或消胀片30～60片内服；也可用松节油，液体石蜡，常水适量，一次内服，或者用菜籽油，豆油、棉籽油、花生油亦可，加温水制成油乳剂，一次内服；当药物治疗效果不显著时，应立即施行瘤胃切开术，取出其内容物。

当消除瘤胃内气体后，二者都采取健胃消导、恢复胃肠运动等对症措施。

216 瘤胃酸中毒发病原因及主要临床表现有哪些？

发病原因主要是采食大量谷物，如大麦、小麦、玉米及甘薯干，特别是粉碎过细的谷物；饲养管理不当，任意加料，或喂料不匀，造成个别牛采食精料过多，采食后饮水，易引起发病。

最急性的病例常在采食后无明显症状突然死亡。急性病例表现为肚腹胀满，腹痛不安；反刍减退，食欲废绝，流涎，磨牙，虚嚼；瘤胃运动减弱或消失，内容物胀满、黏硬，下痢，粪便呈淡灰色，部分病例，瘤胃膨胀，很少下痢；病牛还具有一定兴奋症状，如横冲直撞，狂暴不安，甚至攻击人畜，有的病牛甩头，呈游泳样运动或视觉障碍，做直奔或转圈运动；随着病情发展，后肢麻痹、瘫痪、卧地不起，角弓反张，眼球震颤；病后期，神志不清，眼睑反射减退或消失，瞳孔对光反射不敏感，黏膜发绀，呼吸急促，气喘，尿量少或无尿，呈现脱水状态；重剧病例，病情急剧恶化，心力衰竭，呈现循环虚脱状态。

217 瘤胃酸中毒诊断要点及治疗措施有哪些？

瘤胃酸中毒治疗原则为缓解酸中毒，强心输液，调节电解质，镇静安神，促进前胃运动，增强前胃机能。

(1)缓解酸中毒　可用5%碳酸氢钠溶液，静脉注射；可以口服小苏打或石灰水；可用氧化镁(氢氧化镁亦可)，借助水泵投入瘤胃内，促进乳酸中和与吸附有毒物质。

(2)强心输液，调节电解质　静脉输入5%葡萄糖氯化钠注射液，20%安钠咖注射液，40%乌洛托品注射液，增强心脏功能，促进血液循环，防止病情恶化；同时还可应用维生素B_1、10%维生素C注射液静脉或肌肉注射，以促进丙酮酸氧化脱羧，增强乳酸代谢，增进氧化还原反应。

(3)镇静安神　发生神经症状时，静脉注射安溴注射液100毫升，具有镇静安神，增强中枢神经系统保护性抑制作用；实践证明，先用镇静安神制剂，再用10%硫代硫酸钠溶液静脉注射效果更好；必要时应用甘露醇或山梨醇，用5%葡萄糖氯化钠注射液1∶4比例配制，静脉注射，降低颅内压，防止脑水肿，缓解神经症状。

(4)对症治疗　当出现休克症状时，宜用地塞米松，静脉或肌肉注射，用10%葡萄糖酸钙注射液静脉注射，亦具有抗过敏及降低渗透作用。皮下注射毛果芸香碱或新斯的明，促进瘤胃蠕动，有利于反刍和嗳气，恢复胃肠运动。

218 创伤性网胃心包炎主要临床表现有哪些？

临床上主要表现为病初食欲减少或废绝，呈现瘤胃收缩力减弱，反刍减少或消失，瘤胃膨胀，胃肠蠕动显著减弱等前胃弛缓症状。病情严重时，表现腹痛，不愿走动，走路小心；站立时肘头外展，肘肌纤维性震颤，牵病牛行走时，不愿上下坡、跨沟或急转弯，当强迫其下坡，表现痛苦、呻吟；用手提捏鬐甲部皮肤时，病牛敏感，背部下凹或呻吟，用拳头顶压网胃区时，即剑状软骨左后部腹壁，病牛疼痛，呈现不安，发出痛苦的呻吟，躲避或反抗，回头顾腹。当金属异物向前伤及心包时，病的前期或心包渗出液少时，可听到心包摩擦音，其后由于心包渗出液增多，时而呈现心包拍水音，由于静脉瘀血，病畜静脉怒张，胸下、颌下及胸前等处发生水肿。当金属异物穿过网胃，向后损伤腹腔脏器和腹膜时，病畜全身症状明显，体温升高至40～41℃，脉初期充实，后期弱细微小，甚至不感脉，呼吸为腹式、浅而快，黏膜潮红后发绀，最后因衰竭或败血症而死亡。图48为患创伤性网胃炎的病牛。

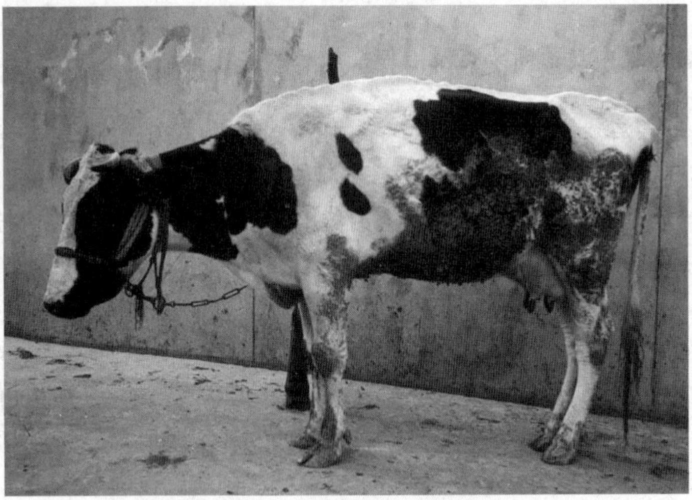

图48 患创伤性网胃炎病牛

219 创伤性网胃心包炎诊断要点及治疗措施有哪些？

创伤性网胃心包炎的诊断主要通过临床症状、网胃区的叩诊与强压触诊检查、金属探测器检查、药物治疗无效可做出临床诊断。牛网胃位于左侧心区后方腹壁下1/3，第6～8肋骨与剑状软骨之间，其疼痛检查主要应用触诊方法。临诊工作中应注意与前胃迟缓、慢性瘤胃臌气等消化障碍性疾病以及疼痛性疾病鉴别。创伤性心包炎应注意与纤维蛋白性胸膜炎、心内膜炎等鉴别。

创伤性网胃心包炎治疗原则为及时摘除异物，抗菌消炎，恢复胃肠功能。

(1)及时摘除异物　治疗根本方法是及早施行瘤胃切开术，伸入网胃取出金属异物，或用金属异物摘除器从网胃中吸取胃中金属异物或投服磁铁笼，以吸附固定金属异物。

(2)抗菌消炎，恢复胃肠功能　同时应用抗生素(如青霉素、四环素等)与磺胺类药物，补充钙剂，控制炎症和加速创伤愈合。抗生素治疗必须持续 3～7 天以上，以确保控制炎症和防止脓肿的形成。若发生脱水时，可进行输液。

220 瓣胃阻塞的病因及典型的临床症状有哪些？

(1)发病原因　长期饲喂甘薯或花生蔓、青干草、豆秸等含坚韧粗纤维的饲料或饲喂糠麸、粉渣、酒糟等，或含有泥沙的饲料；放牧转为舍饲或突然变换饲料，饲养不正规，饲料中缺乏蛋白质、维生素以及微量元素，喂后饮水不足以及缺乏运动等都可引起本病发生。继发因素为前胃弛缓、瘤胃积食、皱胃阻塞、皱胃变位、皱胃溃疡、生产瘫痪、黑斑病甘薯中毒和血液原虫病等疾病。

(2)临床表现　初期多表现为前胃弛缓症状，瘤胃积液明显。典型症状为排粪减少，粪便干硬、色黑、如算盘珠状，粪便表面附有黏液，粪球切开颜色深浅不均，且分层明显，中后期完全停止排粪。鼻镜干燥结痂，甚至龟裂。触诊瓣胃呈坚实感，病牛腹痛不安，磨牙，呻吟，躲闪，听诊蠕动音极弱或消失。晚期病例，精神沉郁，体温升高 0.5～1℃，皮温不整，结膜发绀，食欲废绝，排粪停止或排出少量黑褐色藕粉样恶臭黏液。瓣胃穿刺穿刺针摆动不明显或不见摆动、阻力增大；瓣胃注射水后回抽有干粉状穿刺物漂浮于水面，瓣胃穿刺检查具有确诊的实际意义。

221 瓣胃阻塞治疗措施有哪些？

(1)软化瓣胃内容物　口服泻剂硫酸钠 400～600 克、常水 5 升，一次内服，或液体石蜡(或植物油)1 000～2 000 毫升，一次内服。对初期病例有一定效果，但有瘤胃积液的可能；瓣胃内一次注入 10% 硫酸钠 2 000～3 000 毫升，液体石蜡(或甘油)300～500 毫升。依据临床实践，在确诊后施行瘤胃切开术，用胃管插入网瓣孔，冲洗瓣胃，效果较好。

(2)促进前胃运动　软化瓣胃内容物同时，皮下注射新斯的明或毛果芸香碱，或用 10%氯化钠溶液，安钠咖注射液、静脉注射，以增强前胃神经兴奋性，促进前胃内容物运转与排除。

(3)防止脱水和自体中毒　补液以大量补充体液、电解质和能量为主，可应用 5%葡萄糖生理盐水注射液、5%碳酸氢钠注射液及时输糖补液，缓和病情，每日 1～2 次，同时应用庆大霉素、链霉素等抗生素。防自体中毒，用撒乌安注射液 100～200 毫升，或樟脑酒精注射液 200～300 毫升，静脉注射。

222 皱胃炎症的发病原因有哪些？如何治疗？

发病原因主要为奶牛、肉牛平时或分娩后，饲喂精料过多，而优质干草不足。奶牛长期饲喂糟粕、豆渣等酿造副产品。饲料粗硬、腐败发霉、冰冻饲料。犊牛消化机能尚不十分健全时补饲粗饲料过早。

治疗皱胃炎症可用20%安钠咖10～20毫升，10%葡萄糖1 000毫升，10%葡萄糖酸钙2 000毫升，5%碳酸氢钠500毫升，5%甲硝唑800～1 000毫升，分别一次静脉注射，1日1次，连续3～5日。当腹泻严重时，口服0.1%高锰酸钾1 000～3 000毫升防腐消炎；肌肉注射安络血20毫升或维生素$K_3$10毫升进行止血；待病情好转后，可用复方龙胆酊60～100毫升、陈皮酊30～50毫升，内服健胃。中药疗法以健胃消导、健脾止酵为原则，用保和丸加减。

223 皱胃阻塞的临床表现有哪些？

病初呈现前胃弛缓症状，食欲、反刍减退，鼻镜干裂，便秘。随着病情发展，食欲废绝，反刍停止，瘤胃蠕动音减弱，瓣胃音低沉，腹围显著增大，瘤胃内容物充满或积有大量液体，常呈现排粪姿势，排出少量糊状、棕褐色的恶臭粪便，混有黏液或紫黑色血丝和血凝块；尿量少、黄而浓稠，具有强烈的臭味；进行皱胃检查时，肋骨弓的后下方皱胃区做冲击式触诊，则病牛有躲闪、蹦踢或抵角等敏感表现；听诊的同时手指轻轻叩击左侧倒数第一至第五肋骨或右侧倒数第一、二肋骨，即可听到类似叩击钢管的金属音；直肠检查时直肠内有少量粪便和成团的黏液，混有坏死黏膜组织；实验室检查皱胃液pH为1～4，瘤胃液pH多为7～9。病的末期，病牛精神极度沉郁、虚弱，皮肤弹性减退，鼻镜干燥，眼窝凹陷；结膜发绀，舌面皱缩，血液黏稠，心率100次/分以上，呈现严重的脱水和自体中毒症状。

224 皱胃阻塞的治疗措施有哪些？

(1)排除皱胃内容物，防腐止酵　可用硫酸钠、液体石蜡（或植物油）、鱼石脂、酒精、常水内服。也可皱胃注射25%硫酸钠溶液、液体石蜡、乳酸或皱胃大量注射生理盐水。

(2)兴奋胃肠机能，强心，防止脱水和自体中毒　在病程中，可应用10%氯化钠溶300毫升，20%安钠咖溶液10毫升，静脉注射。当发生自体中毒时，用撒乌安注射液 100～200 毫升，或樟脑酒精注射液 200～300 毫升，静脉注射。发生脱水时，应根据脱水程度和性质进行输液，通常应用 5%葡萄糖生理盐水 2 000～4 000 毫升、20%安钠咖注射液 10 毫升、40%乌洛托品注射液 30～40 毫升、5%碳酸氢钠注射液 300～500 毫升，静脉注射。用 10%维生素 C 注射液 500 毫升，肌肉注射。此外可适当地应用抗生素或磺胺类药物，防止继发感染。

225 近年来奶牛皱胃变位的发病率为何越来越高？

(1)遗传因素　在经济利益的推动下，人们为了使奶牛的产奶量达到最大化，在选育方面更加注重后备奶牛的体况评分，但体况评分高、腹围大、后驱宽的奶牛也为皱胃变位提供了条件，同时增加了遗传的概率。

(2)日粮成分　养殖户为了增加产奶量，不断增加精料的饲喂量，使精料的浓度相对增高，精料过多而粗饲料相对不足，可加快瘤胃食糜进入皱胃内的速度，脂肪酸增多，而抑制了皱胃平滑肌的运动和幽门开放，结果引起皱胃迟缓，积气膨胀，影响了正常的消化机能；又因瘤胃体积缩小，给皱胃变位提供了有利的空间，所以发病率相对增高。

(3)胎次及生产水平　牛皱胃变位多发于 2～4 胎，高产奶牛。这可能与 2～4 胎牛的产奶量高，相应的采食精料过多有关，同时高产也会引起奶牛个体代谢应激性增加，增加了皱胃变位的发生机会。

(4)疾病因素　牛产后感染性疾病和慢性消耗性疾病增多，如酮病、胎衣不下、子宫炎、乳腺炎等，都会引起胃肠运动弛缓，增加皱胃变位的发生率；另外，维生素、微量元素等营养物质缺乏、饲草饲料中的有毒成分都可促进皱胃变位的发生。

226 皱胃变位的发病原因及流行情况有哪些？

皱胃左方变位的确切病因目前仍然不清楚，可能与饲养不当，日粮中含谷物如玉米等易发酵的饲料较多以及喂饲较多的含高水平酸性成分饲料，皱胃壁平滑肌发生弛缓促进变位的发生；一些营养代谢性疾病或感染性疾病，如酮病、低钙血症、生产瘫痪、牛妊娠毒血症、子宫炎、乳腺炎、胎膜滞留和消化不良等，均可诱发皱胃变位。

皱胃右方变位的病因目前也仍不清楚，与左方变位相似，是真胃弛缓所致；跳跃、起卧、滚转、分娩等体位或腹压发生剧烈改变是促发因素。

皱胃左方变位本病多见于 4～6 周岁、体格高大的高产奶牛；多发于泌乳早期，

80%发生在分娩后1个月内,65%在发生在分娩后8天内;病程长,病情缓慢;近年发病率有逐年升高的趋势。皱胃右方变位常发于成年乳牛,多见于产犊后3～6周;犊牛及公牛、肉牛亦可发生;发病急,来势猛,病程短,死亡率高达70%～80%。

227 皱胃左方变位的临床诊断要点及治疗措施有哪些?

皱胃左方变位可根据病牛分娩后呈现前胃迟缓、轻度腹痛、出现酮病症状,而且按前胃弛缓或酮病治疗无效或复发,除考虑创伤性网胃炎外,应着重怀疑该病;进行腹部检查,视诊可发现左侧肋弓突起,病牛喜右侧卧;触诊左侧腹局限性膨隆区,有气囊样感觉,冲击有震荡音;多在左肋弓的前后能听到与瘤胃蠕动时间不一致带金属音调的流水音,听诊同时进行叩诊,可听到高亢类似叩击钢管的铿锵音,可作出诊断。

皱胃左方变位治疗措施有药物与滚转相结合的保守疗法及手术疗法。

(1)药物疗法　可口服缓泻剂与制酵剂,应用促反刍药物和拟胆碱药物,以促进胃肠蠕动,消除皱胃弛缓,加速胃肠排空,对单纯性皱胃左方变位早期病牛治愈率高。

(2)滚转疗法　滚转法是治疗单纯性皱胃左方变位的常用方法,运用巧妙时,可以痊愈,治愈率达70%。其步骤为:牛右侧横卧1分钟,然后转成仰卧1分钟,随后以背部为轴心,先向左滚转45°,回到正中,再向右滚转45°,再回到正中。如此来回地向左右两侧摆动若干次,每次回到正中位置时静止2～3分钟,此时其胃往往“悬浮”于腹中线并回到正常位置。

(3)手术疗法　当保守疗法无效时,必须进行腹壁切开进行手术复位。

228 牛肠炎的发病原因有哪些?临床上如何分类?

(1)原发性肠炎　主要是饲养不当引起,常见饲喂霉败的草料、冰冻饲草、不洁饮水,采食了蓖麻、巴豆等有毒植物,误咽刺激性、腐蚀性化学物质,食入了尖锐异物使肠黏膜损伤后被化脓菌感染导致肠炎发生;管理不当引起,淋雨、受寒或厩舍潮湿,突然变换草料,重役、运输、过度紧张,牛只处于应激状态诱发肠炎发生。此外滥用抗生素,一方面细菌产生抗药性;另一方面在用药过程中造成肠道的菌群失调引起二重感染,如犊牛在使用广谱抗生素治愈肺炎后不久,由于胃肠道的菌群失调而引起肠炎。

(2)继发性胃肠炎　常继发于前胃疾病、急性胃肠卡他、肠便秘、肠变位、幼畜消化不良、化脓性子宫炎、瘤胃炎、创伤性网胃炎等普通病；也继发于如牛瘟、牛结核、牛副结核等传染病；胃肠寄生虫病及肝、心、肾、肺等脏器疾病；中毒病也能导致胃肠炎的发生。

临床上如按病程经过可分为急性肠炎和慢性胃肠炎，如按炎症性质可分为黏液性肠炎、出血性肠炎、化脓性肠炎、纤维素性肠炎。

229 牛肠炎的治疗措施有哪些？

牛肠炎治疗原则为消除炎症、清理胃肠（缓泻或止泻）、预防脱水、维护心脏功能，解除中毒，增强机体抵抗力。治疗的关键是抓住一个根本：消除炎症，掌握两个时机：缓泻或止泻，把好三个关口：强心、补液、解毒。

（1）抗菌消炎　可灌服0.1%高锰酸钾溶液2 000～3 000毫升；内服诺氟沙星、磺胺类药物，或者肌肉注射庆大霉素或庆大-小诺霉素、环丙沙星等抗菌药物，严重病畜，可采用较大剂量青霉素和链霉素滴注。

（2）清理胃肠　在粪干、色暗或便秘有大量黏液、气味腥臭者，应采取缓泻，要注意防止剧泻。常用液体石蜡或植物油500～1 000毫升，鱼石脂10～30克，酒精50毫升，内服；也可以用硫酸钠100～300克或人工盐150～400克，鱼石脂10～30克，酒精50毫升，常水适量，内服。当病畜粪稀如水，频泻不止，腥臭气不大，不带黏液时，应止泻。可用药用炭200～300克加适量常水，内服；或者用鞣酸蛋白20克、碳酸氢钠40克，加水适量，内服。

（3）防止脱水，纠正酸中毒　肠炎所引起的脱水是混合性脱水，即水盐同时丧失。先用复方氯化钠注射液或5%葡萄糖生理盐水，牛每次以1 500～3 000毫升为宜，每天2～4次；在输液过程中加入5%碳酸氢钠300～500毫升或单独静注5%碳酸氢钠1 000～2 000毫升，每日1～2次。

（4）对症治疗　为了维护心脏功能，输液时可同时加入10%安钠咖10～20毫升，对伴有腹痛，可肌注30%安乃近20～30毫升或10%安痛定10～20毫升，胃肠道出血时，可用10%氯化钙100～150毫升静注，或肌肉注射维生素K_3 10～15毫升，恢复胃肠功能可用健胃助消化药物。

230 牛支气管炎的发病原因有哪些？患牛临床表现是什么？如何治疗？

（1）病因　原发性原因主要是受寒感冒导致畜体抵抗力降低引起的；吸入刺激性气体、尘埃、霉菌、芽孢、污浊液体或粉末饲料，吞咽困难时的误咽，经鼻投药时的误投，药液流入气管时也能发生本病；营养不良、过劳、维生素A和维生素C的缺乏，常成为支气管炎发病的诱因。继发性原因其见于某些传染病、寄生虫病或邻近器官疾病的蔓延引起。

(2)分类　牛支气管炎依病程可分为急性和慢性，根据炎症部位可分为弥漫性支气管炎、大支气管炎和细支气管炎。

急性病例主要表现为咳嗽，病初是短而疼痛的干咳，以后变为湿长而不痛的咳嗽；常有多量鼻液流出，鼻液初为白色黏液，后变为黏性、脓液，体温正常或轻度升高(0.5～1℃)，呼吸加快，严重者出现吸气性呼吸困难，可视黏膜呈蓝紫色；胸部听诊时，病初肺泡呼吸音增强，2～3天后，可听到干啰音，随着炎症的发展，则听到水泡音；当大支气管炎发展为细支气管炎或弥漫性支气管炎时，全身症状加重，体温升高1～3℃，且持续不退，并出现呼吸困难，眼结膜发绀，呼吸、脉搏增数，食欲废绝，精神萎靡等，肺部听诊有捻发音及水泡音。慢性病例则为急性支气管炎未得到及时治疗，因病长期反复作用转为慢性，一般没有明显的全身症状，表现为持久咳嗽，拖延数月甚至数年，早晚或运动后加重，多为痉挛性咳嗽，将少量渗出物咳出以后，咳嗽即停止；鼻液时多时少，肺部听诊多见于干性啰音，极易继发肺气肿。脉搏、体温常无变化，日久病牛消瘦无力，老龄牛更为严重。

(3)治疗原则　为消除炎症，去痰止咳，制止渗出和促进炎性渗出物吸收。

①消除炎症：可用青霉素肌肉注射，2～3次/天，但以青、链霉素联合应用效果显著。青、链霉素各100万国际单位，溶于0.25%～0.5%盐酸普鲁卡因溶液或蒸馏水10～20毫升中，气管内注射，每日一次，4～5次为一疗程，有较好效果，也可选用四环素、卡那霉素、庆大霉素或红霉素等抗生素；磺胺类药物，常用嘧啶或长效磺胺类，并配合增效剂一天1次。

②去痰止咳：对咳嗽频繁、支气管分泌物黏稠的病牛，为稀释痰液，可用祛痰剂，如氯化铵等；出现痉挛性咳嗽，无痰或痰不多时，可选用镇痛止咳剂如复方樟脑酊，内服，每日1～2次，复方甘草合剂，内服，每日1～2次等。

③制止渗出和促进炎性渗出物吸收：可用氯化钙或葡萄糖酸钙静脉注射，以制止渗出；也可用碘化钾内服或碘化钙溶液静脉注射，以促进炎性渗出物的吸收。

④对症治疗：心脏衰弱时，可注射强心剂。

231 牛支气管肺炎发病原因及临床表现有哪些？

牛支气管肺炎常因饲养管理不当引起。受寒感冒，饲养管理不当，某些营养物质缺乏，长途运输，物理、化学因素，过度劳役等，使机体抵抗力降低，特别是呼吸道的防御机能减弱，导致呼吸道黏膜上的寄生菌大量繁殖及外源性病原微生物入侵，成为致病菌而引起炎症过程。也可血源感染，主要是病原微生物经血流至肺脏，先引起间质的炎症，而后波及支气管壁，进入支气管腔，即经由支气管周围炎、支气管炎，最后发展为支气管肺炎。并常继发于牛恶性卡他热、口蹄疫、肺丝虫病等。

病初表现为体温升高1.5～2.0℃，呈弛张热；先干短痛咳，逐渐变为湿长的咳嗽，疼痛减轻或消失，并有分泌物被咳出；流少量浆液性、黏液性或脓性鼻液；脉搏增加，呼吸数增加，严重者出现呼吸困难，可视黏膜潮红或发绀；胸部叩诊病灶部位，出现多个局灶性的浊音区，听诊病灶部，肺泡呼吸音减弱或消失，出现捻发音和支气管呼吸音，并常可听到干啰音或湿啰音，病灶周围的健康肺组织，肺泡呼吸音增强；血液学检查，白细胞总数增多，出现核左移现象。

232 牛支气管肺炎诊断要点及治疗措施有哪些？

(1)抗菌消炎　常采用抗生素、磺胺类药物。青霉素、链霉素合用，有较好疗效，必要时，可选用红霉素、四环素、土霉素、林可霉素，多采用静脉注射方式，按常规剂量，配于葡萄糖液或生理盐水中，一天1～2次；磺胺类药物，常用长效磺胺类药并配合增效剂，12～24小时一次。

(2)去痰止咳，制止渗出和促进渗出物吸收　当分泌物黏稠，咳嗽严重时，可应用止咳祛痰剂，如氯化铵、甘草合剂等；可静脉注射10%氯化钙溶液，每日1次，制止渗出；促进渗出物吸收和排出，可用利尿剂；葡萄糖、安钠咖、乌洛托品，大动物静脉注射，一天一次，连用3～4天，疗效良好，对控制感染及促进炎性渗出物的消散有明显作用。

(3)对症疗法　体温过高时，可用解热药，常用复方氨基比林或安痛定注射液，肌肉或皮下注射；对心脏功能减弱，也可用10%安钠咖溶液肌肉注射；对体温过高、出汗过多引起脱水者，应适当补液，纠正水、电解质和酸碱平衡紊乱，避免发生心力衰竭和肺水肿，输液量不宜过多，速度不宜过快；对病情危重、全身毒血症严重的病牛，静脉注射氢化可的松或地塞米松等糖皮质激素。

233 奶牛酮病的发病原因有哪些？

引起酮病主要是由于饲喂高蛋白、高脂肪、低糖饲料或其他原因使酮体在体内贮积。高产是引发酮病的重要因素，奶牛产后泌乳高峰期和营养的最高需要量在分娩后4～6周到来，而其食欲和采食量的最高峰一般在第10周左右。因此，不可避免会发生营养的负平衡，但最初机体还可以代偿而不发病。不合理的饲喂导致负平衡加重时，会引起低血糖，进而体脂大量分解。另外，因各种环境刺激因素引起激素代谢失调或者给予丁酸发酵青贮的情况下，酮体产生过剩。患消化器官、子宫和肝脏等疾病时，引起继发性酮病。

234 酮病诊断要点及治疗原则有哪些？

酮病根据是否有临床表现可分为临床型酮病和亚临床酮病。

①临床型酮病可根据发病时期(产犊后几天至几周内)、牛的体况(肥胖)、临床症状(食欲差、乳产量下降、烂苹果味、神经症状等)，不难做出诊断。临床上根据表现的差异又常分为消化型酮病、精神型酮病、生产瘫痪酮病、继发型酮病四种病型。

②亚临床酮病不易发现，在高产奶牛群中发生严重。因此，对产后10～30天内高产牛群可进行酮体监测，注意食欲和奶量的变化。确诊仍需用专用试剂对血、乳和尿中酮体进行检测，血清酮体含量大于200毫克为异常。

酮病的临床症状与生产瘫痪、前胃弛缓等相似，要注意鉴别。这两种病均无特殊的酮味，尿、乳酮体检测呈阴性。生产瘫痪有类似神经症状，但通过补钙恢复较快；单纯前胃弛缓无神经症状。

③酮病的治疗原则：主要是调整日粮，补充糖和生糖物质，减少酮体生成，加速酮体氧化、缓解酸中毒，并对症治疗。

235 酮病的治疗用药应注意的问题有哪些？

在治疗奶牛酮病时临床用药应注意以下问题：

(1)补糖　静脉注射高浓度葡萄糖25%或50%葡萄糖注射液500～1 000毫升，配合维生素C、维生素A、维生素B_1、维生素B_{12}，可迅速解除病症，但需反复使用，以维持血糖稳定；在使用高渗糖的同时应补充各种电解质，这样可防止高渗糖进入血液经肾排出时引起的失水和电解质平衡失调。

(2)补充生糖物质　适量补充甘油、丙酸钠、生糖氨基酸等生糖物质，可提高疗效；也可口服白砂糖、红糖等以提高瘤胃内丙酸的浓度。

(3)促进糖异生　使用糖皮质激素如氢化可的松、醋酸可的松等，可有效缓解症状，促进糖异生；副作用是影响蛋白质合成，消耗机体的贮备，影响产奶量，慢性病例或体弱牛应慎用。

(4)补钙　静注10%氯化钙或葡萄糖酸钙溶液200～300毫升，可有利于缓解慢性酮病的神经症状,有效地预防营养不良。

(5)解除酸中毒　静脉注射500～1 000毫升5%碳酸氢钠可解除酸中毒,有利于疾病好转。

236 什么是肥胖母牛综合征?如何防治?

肥胖母牛综合征又称母牛妊娠毒血症、牛脂肪肝病,常因干奶期精料喂量过大、能量过高而引起消化、代谢、生殖等功能障碍。根据病情轻重可分为急性和亚急性。

(1)急性　随分娩而发病。牛表现为食欲废绝,少乳或无乳,可视黏膜发绀、黄染,体温初升高39～40℃,步态强拘,目光呆滞,对外界反应微弱。伴拉稀者,呈黄色具恶臭,对药物无反应,2～3天死亡或卧地不起。

(2)亚急性　多于分娩后3天发病,主要表现为酮病。病牛食欲降低或废绝,乳产量骤减,粪少而干,尿液具酮味,酮体反应阳性,消瘦,伴乳腺炎、胎衣不下,子宫弛缓,产道内蓄集多量褐色腐臭恶露,药物治疗无效,卧地不起,呻吟,磨牙。

预防:母牛肥胖综合征,实质上是长期营养失调而受产犊应激所引起的代谢紊乱,病后疗效差,故应采取综合防治办法。应采取加强饲养管理,供应平衡日粮;加强产前、产后母牛的健康检查;日粮中可补喂烟酸或丙二醇;及时配种,不漏掉发情母牛,提高受胎率,防止奶牛干乳期过长而致肥等措施。

治疗:50%葡萄糖液500～1 000毫升,静脉注射;50%左旋糖酐,第1次500毫升,每天注射2～3次,静脉注射;尼克酰胺(烟酸),12～15克,1次内服,连服3～5天,其作用是抗解脂作用和抑制酮体的生成;氯化钴或硫酸钴,每天100克,内服;丙二醇,170～342克,每天2次口服,连服10天,喂前静脉注射50%左旋糖酐500毫升,效果更好;氯化胆碱50克,1次内服,日服2次;为防止继发性感染,可使用广谱抗生素、金霉素或四环素200万～250万IU,1次静脉注射,每天2次。防止酸中毒,用5%碳酸氢钠500～1 000毫升1次静脉注射。

237 牛食盐中毒是如何发生的?其典型症状是什么?

引起牛食盐中毒的原因常有给牛加喂食盐时凭自己感觉随意添加,导致中毒;长期缺盐饲养的牛突然加喂食盐,又未加限制,造成牛大量采食而中毒;食用盐后饮水不足也是导致牛食盐中毒的原因之一;泌乳期的高产奶牛因抵抗力下降,对盐的敏感性增高,饲喂正常盐量也可中毒,故饲喂时应先从少量再到足量进行饲喂;

给牛饲喂腌菜的废水或酱渣可引起牛中毒;料盐存放不当,被牛偷食,过量而中毒。

一般牛体温正常,但在夏季可能升至41～42℃;病牛精神沉郁,步态不稳,肌肉震颤,口角流白沫,口角、耳、上下唇痉挛、抽搐,频频点头;眼结膜潮红、充血,瞳孔散大,视力障碍;食欲废绝,饮欲增加,口干,尿少或无尿;有时乱跑乱跳,做圆圈运动;眼球外突,怒视,头向后仰,哞叫,卧倒,四肢抽搐,做游泳动作;严重时四肢麻痹,心跳加快,呼吸增数或困难;病程稍长者腹痛,腹泻。

238 对食盐中毒如何实施治疗?

当牛发生食盐中毒时,应立即停喂食盐,饮喂适量饮水。本病无特效解毒药,治疗原则主要是促进食盐排出,恢复阳离子平衡,并对症治疗。

①恢复血液中阳离子平衡,可静注10%葡萄糖酸钙200～400毫升,25%的葡萄糖500毫升、维生素C混合和进行静脉注射。

②缓解脑水肿,可静脉注射甘露醇,成年牛1000毫升,犊牛酌减。

③出现神经症状时,用25%硫酸镁静脉注射,成年牛10～25克。

④注意保护胃肠黏膜,重症配合强心补液。

239 肉牛酒糟中毒是怎么发生的?

酒糟来源广泛且富含营养,具有质地柔软,气味酒香、可口,适口性好的特点,用其育肥肉牛,具有成本低、上膘快、周期短、见效高等优势,所以是肉牛育肥的好原料。但是长期饲喂过量或酒糟变质,都能引起肉牛中毒。本病临床上易与其他疾病混淆,导致误诊或延误最佳治疗时机。肉牛酒糟中毒主要致病因素:①过量酒精成分;②酒糟由于发酵酸败,逐渐形成多种游离酸(如醋酸、乳酸、酪酸)和杂醇油(如正丙醇、异丁醇、异戊醇)等有毒物质。

240 酒糟中毒的诊断要点和治疗原则是什么?如何治疗?

诊断要点是重点根据长期饲喂或突然大量饲喂,甚至饲喂腐败变质的酒糟的病史,结合其临床症状可作出诊断。牛在发病过程中,消化系统紊乱引起的急性胃肠炎是酒糟中毒的主要症状,慢性酒糟中毒病牛主要表现消化系统紊乱、神经系统紊乱和皮肤炎症等。

治疗原则主要是采取强心补液、解除脱水、解毒和镇静的综合治疗措施进行治疗。常采取以下措施：

(1)导胃和洗胃　以尽快排除胃内毒素而阻止毒素的进一步被吸收。采用温水反复冲洗瘤胃3～4次，最后用1%的碳酸氢钠溶液洗胃，洗胃结束时，将健康奶牛瘤胃液接种给病牛，帮助其快速恢复瘤胃内微生物环境。

(2)强心补液、解除脱水　10%安钠咖30毫升，10%葡萄糖酸钙250毫升，维生素B_1、维生素B_6、维生素C注射液各20毫升，青霉素1 600万国际单位，庆大霉素1 600万国际单位和5%葡萄糖生理盐水4 000毫升，1次静脉注射。

(3)解除脑水肿　用山梨醇或甘露醇500毫升1次静脉注射。

241 肉牛尿素中毒是怎样发生的？

尿素在肉牛育肥中经常会需要少量添加来加快育肥效果，利用尿素或氨水加入日粮中以代替蛋白质来饲喂反刍动物，尤其是用来氨化农作物秸秆在畜牧业生产上已广泛应用。尿素氮代替牛日粮中非蛋白氮25%～30%，对动物的健康无不良影响。但尿素保管不当，被牛只过量偷食；或尿素施用于农田，被放牧的牛只误食；制作氨化饲料尿素使用量过大，或尿素与农作物秸秆未混合均匀，从而引起饲喂的牛只中毒；饲喂尿素(或氨化饲料)，同时饲喂大豆饼、蚕豆、瘤胃中释放氨的速度可增加。这是由于大豆饼与蚕豆中的某些酶能促进尿素分解成氨。短时间形成大量的氨，经瘤胃壁吸收进入血液、肝脏，血液氨浓度增高，发生中毒。此外，牛饮水不足，体温升高，肝机能障碍，瘤胃pH增高，以及处于应激状态等，也可增加其对尿素的敏感性而易中毒。

242 尿素中毒的诊断要点及治疗原则是什么？如何实施？

尿素中毒的诊断可根据尿素喂量过多，或喂法不当，或被大量误食的病史结合临床症状即可作诊断。牛过量采食尿素后30～60分钟即可发病。病初表现不安，呻吟，流涎，肌肉震颤，体躯摇晃，步样不稳。继而反复痉挛，呼吸困难，脉搏增数，从鼻腔和口腔流出泡沫样液体。末期全身痉挛出汁，眼球震颤，肛门松弛，几小时内死亡。

尿素中毒治疗原则：消除病因、纠正碱中毒、对症治疗。具体实施时，当发现牛中毒后，立即灌服食醋或醋酸等弱酸溶液，如1%醋酸1升，糖250～500克，常水1升，1次内服。静脉注射10%葡萄糖酸钙液200～400毫升，或静脉注射10%硫代硫酸钠液100～200毫升，同时应用强心剂、利尿剂、高渗葡萄糖等疗法。

243 肉牛霉变饲料中毒的临床症状有哪些？

霉变饲料中毒是由于由于饲料存贮不当，尤其阴雨天气、气温高、湿度大，特别适宜霉菌的生长繁殖，导致饲料发霉，牛采食这种霉变饲料后，常常会引起中毒。轻者出现胃肠炎表现拉稀，妊娠母牛流产，重者出现神经症状甚至死亡。

牛中毒的临床症状的强弱与采食发霉饲料的多少和时间长短有直接关系，多表现为慢性经过。最初病牛精神萎靡，反应迟钝，有的异常兴奋，视力减弱，流泪；犊牛常出现神经症状，行走不稳，瘫痪，震颤；怀孕母牛常因脱水，腹痛而引起流产和死胎；病牛食欲抑制，反刍减弱或停止，腹泻，且便中带血，随着病程过长，病牛出现水肿，行动滞缓，体况很快恶化，最后死亡。

244 霉变饲料中毒的治疗如何实施？

①如果轻微中毒，立即停止喂饲霉变饲料，更换饲料不需用药。②如果症状较重或饲喂霉变饲料时间较长，可进行缓泻治疗，用硫酸镁 500～800 克，一次内服；怀孕母牛可选用液体石蜡 500～1 500 毫升，一次内服。③严重病例辅以强心补液，用安钠咖注射液 5～10 毫升，5％葡萄糖注射液 250～500 毫升，5％碳酸氢钠注射液 50～100 毫升，一次静注；维生素 C 注射液 5～10 毫升，肌肉注射。有神经症状的，加盐酸氯丙嗪等镇静剂(出现神经症状的多呈预后不良)。作为抢救措施，也可以用 25％葡萄糖液 1 500 毫升，生理盐水 1 000 毫升，加维生素 B_1、维生素 C 各 500～1 000 毫克作静脉注射。当病牛异常兴奋时，可用镇静剂如溴化物作静脉注射。

245 如何诊治黑斑病甘薯中毒？

黑斑病甘薯中毒是由于家畜吃了一定量的黑斑病甘薯，引起严重气喘的疾病。多发生于牛，俗称“牛喘气病”。主要发生在种植甘薯的地区，春耕前后为该病高峰期。牛以呼吸困难和皮下气肿为特征。

临床症状：初期呼吸次数可达 80～90 次/分钟以上，随后呼吸次数减少而运动加深，呼吸音粗厉如“拉风箱样”，不时咳嗽；听诊可听到干、湿啰音，继而出现明显呼气性呼吸困难，随之发生肺泡壁破裂，气体窜入肺间质中，造成间质性肺泡气肿。后期肩胛、背腰部皮下发生气肿，触诊呈捻发音；病牛头颈伸展，并取长期站立姿势来提高呼吸量，不愿卧地；病牛眼结膜发绀，眼球突出，流泪，瞳孔散大和全身性痉挛，陷入窒息状态。急性重症病例，在发病后 3 天内可能死亡；慢性中毒经及时治疗可能康复，但有的 9～10 天后突然体温升高，心力衰竭，这种病例一般预后不良。

治疗：尚无特效解毒方法，多采用对症治疗。

(1)排除和破坏毒物　洗胃，可用大量清水或 0.1%高锰酸钾溶液灌洗瘤胃，反复多次彻底清洗，然后内服盐类泻剂。

(2)缓解呼吸困难　10%硫代硫酸钠 100～200 毫升，20%葡萄糖 500～1 000 毫升，5%维生素 C 30～50 毫升，静脉注射；对肺水肿严重病例，可用 10%葡萄糖酸钙或 5%氯化钙，缓慢静脉注射，配合利尿和脱水剂。

(3)解除酸中毒　5%碳酸氢钠 250～500 毫升，一次静脉注射。

预防：主要措施是防止甘薯感染黑斑病病菌，可用杀菌剂浸泡种薯；在收获甘薯时，尽量不要伤皮；储藏时，保持干燥，温度 11～15℃；对霉变甘薯，禁止乱扔乱放，以免家畜误食；禁止用霉烂甘薯及其加工后的副产品喂牛。

246 牛青杠树叶中毒的症状是什么？如何防治？

青杠树也称栎树，而青杠树枝叶及籽实(即橡子)中含有有毒成分栎单宁，牛采食大量青杠树叶后可造成牛中毒。中毒后以前胃弛缓、便秘或下痢、皮下水肿、少尿或无尿、血尿等肾病综合征为特征。

牛中毒后应立即停喂青杠树叶，并采取以下治疗措施：

(1)促进胃肠内容物排除和解毒　瓣胃注射 3%食盐水 1 000～2 000 毫升；解毒可用硫代硫酸钠 8～15 克制成 5%～10%溶液，一次静脉注射，每天 1 次，连用 2～3 天，对初、中期病例有效；碱化尿液可用 5%碳酸氢钠液 300～500 毫升，一次静脉注射。

(2)对症治疗　对机体衰弱的，用 5%糖盐水 1 000 毫升、安钠咖 20 毫升，一次静脉注射；出现水肿的，消肿可用利尿剂。

预防：储备足够的冬春饲草，不在青杠树林放牧，不采集青杠树叶喂牛；在春季，放牧牛群可半日放牧半日舍饲并加喂夜草，控制牛对青杠树的采食量；也可在每天放牧归来后灌服高锰酸钾溶液，即取 2～3 克高锰酸钾，溶于 4 000 毫升清水中，一次灌服或饮用，可起到预防作用。

247 牛氰苷中毒的症状是什么？如何治疗？

牛氰苷中毒是由于牛采食过量含高粱及玉米幼苗、木薯、亚麻籽及亚麻籽饼、桃、李、杏、梅、樱桃的叶及核仁、蚕豆、豌豆、海南刀豆、三叶草等含氰苷的青饲料，产生游离的氢氰酸，导致组织不能利用氧而发生的中毒病。牛主要表现为呼吸困难，黏膜鲜红，肌肉震颤。

症状：牛常采食后15～20分钟发病。病牛站立不稳，呻吟不安；可视黏膜鲜红，静脉血亦呈鲜红色；呼吸极度困难，甚至张口喘气；肌肉震颤，有的出现角弓反张；体温正常或偏低，常伴发瘤胃臌胀；后期精神沉郁，全身衰弱，卧地不起，结膜发绀，血液暗红，瞳孔散大，眼球震颤，脉搏细弱疾速，抽搐窒息而死。

治疗：本病发病急、死亡快，因此，确诊后应尽快实施特效解毒疗法。

①特效解毒药：亚硝酸钠，牛200～300毫升，静脉注射。随后用硫代硫酸钠，10～20克，配成5%～10%溶液，静脉注射；如无亚硝酸钠，可用大剂量美蓝代替，2%美蓝按2.5～10毫克/千克静脉注射，然后立即静脉注射硫代硫酸钠。

②一般解毒药：小部分氰化物在体内可与葡萄糖结合形成无毒的化合物，由尿、唾液排出，因此，可用50%葡萄糖250～500毫升静脉注射。

248 牛有机磷中毒如何抢救？

有机磷农药是农业生产中常用的杀虫剂，牛采食、误食或偷食施过有机磷农药不久的农作物、牧草、蔬菜或拌过农药的种子；使用敌百虫来驱除牛体内外寄生虫，若用量过大或舔食体表的药物；以及饮水或饲料被有机磷农药污染或误食有机磷农药而发生中毒。有机磷种类很多，常用的有对硫磷、内吸磷(1059)、甲胺磷、甲拌磷(3911)、敌敌畏、乐果、敌百虫、马拉硫磷等。临床上以神经机能紊乱为特征，且发病快、死亡率高。牛表现为不安、流涎、拉稀、肌肉痉挛、瞳孔缩小、磨牙、呻吟、呼吸困难、心跳加快等。

牛中毒后抢救措施如下：

(1)促进毒物排出　若经口中毒，必须彻底洗胃，洗胃液一般用30～38℃温水；为了阻止毒物继续吸收，可灌服活性炭；缓泻严禁用油类泻剂；因外用敌百虫等制剂过量所致的中毒，应充分水洗或1%醋酸洗涤用药部位，勿用碱性药剂，以免毒性增强，同时尽快用药物救治。

(2)特效解毒　最理想的是阿托品与胆碱酯酶复活剂合用，轻度中毒可单独使用阿托品。阿托品通常治疗剂量牛为10～50毫克，可根据病情每10～30分钟或1～2天给药一次，直到症状明显好转，即患牛出现“阿托品化”(即轻度骚动不安、瞳孔散大、停止流涎、黏膜潮红、心律加快)表现为止，这时应减少阿托品剂量或停用。如出现瞳孔扩大、狂躁不安、抽搐、昏迷和尿潴留等，说明阿托品中毒，应停用阿托品。中毒严重的牛,配合解磷定、氯磷定、双复磷等胆碱酯酶复活剂,但应早期足量应用,对中毒时间超过 72 小时者效果不佳。解磷定药效快,持续时间短,仅 1.5～2 小时,应反复用药,对内吸磷、对硫磷、甲基内吸磷等大部分有机磷中毒有效,但对敌百虫、乐果、敌敌畏、马拉硫磷等作用较差;氯磷定副作用小于解磷定,对乐果效果较差;双复磷对各种有机磷中毒均有效。

249 临床上从哪些方面对牛的跛行进行诊断?

(1)问诊　通过问诊得到病牛饲养管理、使役和发病前后的情况。

(2)视诊　分站立视诊、运动视诊、躺卧视诊。站立视诊的目的是发现患肢,寻找可疑患部;运动视诊的目的是确定患肢,判定跛行的种类和程度,发现可疑患部。躺卧视诊更适合于牛,牛多为躺卧休息,尤其在跛行时;另外,还应注意观察牛的起立表现,以发现患肢或患部。

(3)触诊检查　即对四肢各部及躯干某些部位详细地观察、触摸、敲打及关节的被动运动检查,通过痛点"寻找患部"。

具体来说,即通过负重和扬举状态来判定是前方短步还是后方短步,以确定跛行种类,找出患肢"点头行,前肢痛,低在健,抬在患","臀升降,后肢痛,降在健,升在患"。根据某些独特状态来判定,间歇跛常见于动脉栓塞、习惯性脱位和关节石等情况,黏着步样见于肌肉风湿、破伤风,紧张步样见于蹄叶炎,摇摆跛见于脑脊髓丝虫病、腰部损伤、脊椎炎等。通过牛异常躺卧姿势来判定,侧卧多见于脊髓损伤及某些传染病和衰竭期,跨坐式多见于闭孔神经麻痹,跨一字见于两髋关节脱臼且圆韧带断裂,头颈侧弯多见于产后瘫痪及重病者,一后肢后伸多见于股神经麻痹,一前肢前伸多见于腕关节患病。

250 跛行诊断应注意什么问题?

①视诊时对就诊病牛,不应立刻进行检查,而应令病牛休息一定时间后再进行;站立视诊时,检查者与病畜之间应保持至少 1 米以外的距离,围绕病畜走一周,仔细观察肢蹄各部位的异常情况。从头到尾,左右对比地观察。

②牛多为役用或乳用,故一般后肢疾病多于前肢,种公牛要特别注意膝关节和跗关节的疾病;牛的指(趾)骨疾病,外指(趾)多于内指(趾);牛前肢腕部疾病和后肢跗关节部疾病较多,因其起卧姿势和睡卧姿势特殊;在牛的前肢检查中,要注意肩胛骨的位置及附近神经、肌肉有无异常;在蹄部检查中,注意指(趾)间有无异物,

如石子或炭渣等，以及蹄形变化；站立检查时，可通过头颈位置说明身体重心有无转移，并注意肩关节、肘头、跗关节状况，以及站姿；牛跛行以支跛或以支跛为主的混跛为最多；从牛的摆头运动可判断患肢，在运步时，头常摆向健侧；牛在运动过程中或负重时，系关节的突然屈曲，是短暂的交互体重的生理现象，不要错误认为病在球节，可能球节上部或下部有疼痛性病理过程，为保护性反应。

251 临床上如何鉴别血肿、脓肿、淋巴液外渗？

(1)血肿　钝性外力作用于体表造成皮下血管破裂，溢出的血液分离周围组织而形成充满血液的腔洞。

临床表现为受伤后局部出现肿胀，按压有波动，有弹性，4～5天后肿胀周围有坚实感，只中心有波动，按压有捻发音，局部皮温升高，穿刺有血液，如感染则形成脓肿。

(2)脓肿　在任何组织或器官内形成外有脓肿膜包裹，内有浓汁潴留的局限性脓腔称为脓肿，大多因经皮肤或伤口由金黄色葡萄球菌及链球菌感染引起。

浅表急性脓肿表现为初期局部肿胀，无明显界限，触诊局部皮温升高，坚实有疼痛反应，后肿胀界限逐渐呈局限性，最后形成坚实的分界线，肿胀中央开始软化并出现波动，自行破溃；而浅表慢性脓肿发生缓慢，虽有明显的肿胀和波动感，但缺乏温热和疼痛反应；以及还有深在脓肿，可扩散引起败血症。各种脓肿穿刺都能抽出脓汁。

(3)淋巴液外渗　因钝性外力斜方向作用于体表造成皮下结缔组织内的淋巴管断裂，致使淋巴液积聚于组织内而形成局限性波动性肿胀。淋巴液外渗发生缓慢，一般伤后3～4天可看到局部肿胀，并且不断增大，波动明显，皮肤一般不紧张，穿刺有淡黄色液体流出，有时混有血液，有捻发音，如无感染则无全身症状。

血肿、脓肿、淋巴液外渗共同特点触诊都有波动感，三者可以通过穿刺，根据穿刺液的性状不同加以鉴别。

252 临床上对血肿、脓肿、淋巴液外渗分别应怎样治疗？

①血肿的治疗原则是制止出血、排出积血、防止感染。在牛病初一天内，冷敷患部，绷带压迫止血，后改为热敷、按摩 、涂擦刺激剂，促进其吸收；对较大血肿，4～5天后可切开血肿，清理凝血块和挫灭组织，然后缝合或开放性疗法，如出血要结扎止血；对较大动脉和大静脉形成的血肿要及时切开，并结扎血管，否则会危及

牛的生命;配合使用止血剂抗生素及磺胺类药物。

②脓肿的治疗原则是消炎止痛及促进炎性产物消散吸收、促进脓肿的成熟、手术疗法。急性炎症浸润时,樟脑软膏,冷疗,酒精鱼石脂软膏以抑制炎症及止痛,炎性渗出停止后,可用温热疗法以促进炎症产物消散和吸收,配合全身抗生素及磺胺类药物;鱼石脂软膏,鱼石脂樟脑软膏,湿热疗法促进脓肿的成熟;对关节部位小脓肿,或深在性脓肿抽出浓汁,对波动明显脓肿切开引流,对浅在包膜完整脓肿的进行摘除。

③淋巴外渗治疗:让患牛保持安静减少运动;小淋巴外渗将淋巴液抽出,注入95%酒精,使淋巴管断端凝固;大淋巴外渗可切开皮肤,用纱布浸40%的福尔马林填塞,外边皮肤假缝合,2～3天后将纱布取出,按照创伤进行处理。

253 如何做牛的瘤胃切开术?

①牛右侧卧保定或站立保定,术部剪毛、消毒、隔离,进行腰旁神经干传导麻醉或846合剂全身麻醉,配合局部浸润麻醉;在左侧最后肋骨后缘与髋结节连线中间,距腰椎横突下6～8厘米垂直向下作25～30厘米长的腹壁切口;若是检查网胃,其切口应稍向前下方,距最后肋骨后缘5厘米左右,腰椎横突下8～10厘米作一与肋骨平行切口,切口长25厘米左右。

②一次切开皮肤及腹部皮肌,与皮肤切口一致的方向钝性分离腹壁各层肌肉,按照腹膜切开的方法切开腹膜,腹膜切口应稍小于皮肤切口。

③腹壁切开后,用盐水纱布充分保护创缘,然后伸手入腹腔,检查瘤胃与腹膜之间,瘤胃与膈及附近组织有无粘连、异物及其他病理现象;将瘤胃一部分(即后上囊)拉出于腹壁切口之外,在腹壁口与瘤胃间垫上大块盐水纱布,选择胃壁血管较少的地方作切口,切开前先于胃壁切口四角作牵引线固定胃壁切口,用盐水纱布隔离瘤胃,在牵引线中央作10～20厘米切口,直接切开胃壁,在切口内放入橡胶洞巾,术者伸手入瘤胃取出内容物,一般取出1/3左右,然后伸入前下方,穿过瘤网孔伸入网胃,仔细触摸网胃各部并取出异物。

④先用灭菌盐水冲洗胃壁切口,由助手拉紧胃壁切口牵引线,对齐胃壁切口,用连续螺旋形缝合胃壁全层,用盐水冲洗后,用内翻缝合缝合胃壁浆膜及肌肉层,清洁胃壁切口后涂油剂青霉素或其他消炎油膏;剪除胃壁牵引线,将瘤胃还纳于腹腔内,向腹腔内注入青霉素或青霉素生理盐水;用连续螺旋形法缝合腹膜与腹横直肌,结节缝合法缝合腹内斜肌、腹外斜肌及皮肌,再用灭菌盐水冲洗皮肤创口,撒布少量磺胺粉,最后结节缝合法缝合皮肤切口,缝完后用镊子整理两侧创缘,拭去血

迹，创口涂5%碘酊，放置敷料装结系绷带。

⑤术后根据失血、失液情况，及时输入5%葡萄糖生理盐水，禁食48小时以上，仅供给饮水，术后按规定使用青链霉素，定期检查注意对症治疗，随着病畜恢复，及时加强饲养管理。

254 如何手术治疗奶牛皱胃左方移位？

①奶牛站立保定，2%普鲁卡因腰旁神经干传导麻醉，切口浸润麻醉。

②在左腹部腰椎横突下方25～35厘米，距第13肋骨6～8厘米处，作垂直切口，导管针穿刺导出皱胃内的气体和液体。

③然后牵拉皱胃寻找大网膜，将大网膜引至切口处，用长约1米的肠线，一端在真胃大弯的大网膜附着部作一褥式缝合并打结，剪去余端；带有缝针的另一端放在切口外备用。

④纠正皱胃位置后，右手掌心握着带肠线的缝针，紧贴左内腹壁伸向右腹底部，并按助手在腹壁外指示真胃正常体表位置处，将缝针向外穿透腹壁，由助手将缝针拔出，慢慢拉紧缝线。

⑤然后，缝针从原针孔刺入皮下，距针孔处1.5～2.0厘米处穿出皮肤，引出缝线，将其与入针处留线在皮肤外打结固定，剪去余线；腹腔内注入青霉素和链霉素溶液，缝合腹壁。加强术后护理。图49为奶牛皱胃左方移位手术疗法。

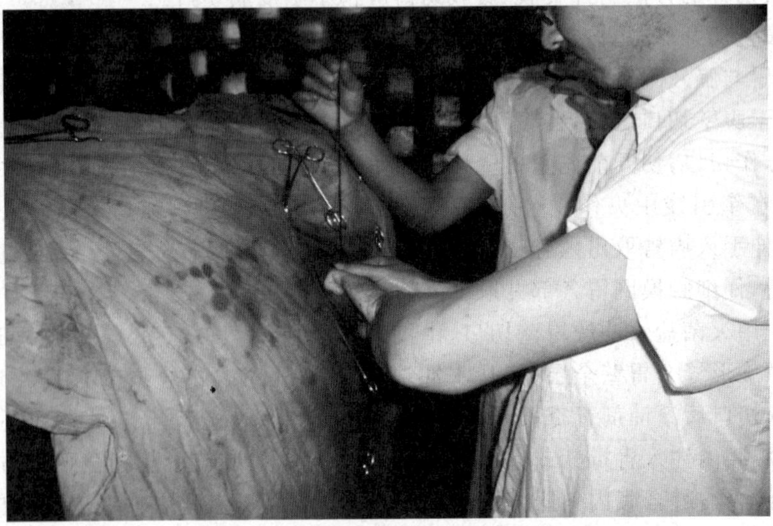

图49 奶牛皱胃左方移位手术疗法

255 如何处理牛黏液囊炎？

①较轻的病例，可外涂碘酊或95%酒精，通过加强护理就可恢复。

②较重的病例，局部消毒，用消毒针头刺入囊内排液，然后注入青霉素、链霉素和皮质激素进行治疗，隔1～2天1次，或注入3%～5%福尔马林酒精溶液，保持2～3小时再放出药液，装上压迫绷带(尤其腕关节适合)。

③严重病例的手术摘除，在肿胀处切开皮肤，钝性分离黏液囊和皮肤之间组织，将整个黏液囊取出，生理盐水洗创，切除多余皮肤，缝合皮肤切口。

256 临床上怎样手术治疗犊牛疝气？

(1)手术通路　一般情况下为了方便还纳网膜或肠管以及有可能的粘连，在疝囊与腹壁交界处3厘米左右作一梭形切口。

(2)术式　首先确认疝囊中内容物已经尽量还纳入腹腔，助手两手夹起疝囊皮肤作紧张切开，依次切开皮下组织和疝囊壁，切开疝囊壁脏层时助手用镊子夹起疝囊壁，轻轻切开疝囊暴露囊内容物，将内容物尽量还纳于腹腔，清洗进入腹腔及腹腔表面血液及组织污物，用生理盐水纱布覆盖疝轮以防内脏脱出及污染。在距疝轮边缘1.5～2厘米处从外侧用弯三棱针进针，从内部隔着纱布到另侧疝轮等距离处出针，再在距针脚1.5厘米处同侧进针。对侧穿出，完成一个纽扣缝合，留出足够长的线头，用止血钳夹持线头暂不打结，根据疝轮大小一般以1～1.5厘米的针间距确定纽扣缝合个数，纽扣缝合要求尽量使疝轮完全闭合，尽量不在开始缝合和最终缝合时留有空隙。逐个拉紧纽扣缝合结，用止血钳固定在腹壁上，在拉紧最后两个结时，抽出灭菌纱布，逐个打结。修剪疝轮的表面形成新鲜创面，对创面进行结节缝合，修剪腹壁皮肤，结节缝合。

257 牛风湿病的发病原因有哪些？

兽医称风湿病为痹症，现代医学认为风湿病是一种全身变态反应性疾病，常侵害肌肉、关节等部位，牛关节风湿病比较少见。风湿病是由于牛体受寒、受潮、过劳以及贼风侵袭等原因诱发的由溶血性链球菌感染所引起的一种变态反应。主要侵害牛的背腰、四肢肌肉及关节等部位，以冬春等寒冷季节多发。

258 牛风湿病的临床表现、治疗措施有哪些？

（1）临床表现　突然发病，体温升高，呻吟，食欲减退；患部肌肉或关节疼痛，背腰强拘，跛行，并随适当运动而暂时减轻；病牛喜卧，不愿走动，重者肌肉萎缩，感觉迟钝，失去使役能力。根据发生部位不同其表现也不一样。颈风湿：病牛脖子发硬疼痛，若一侧发病，则歪向疼痛一侧，俗称歪脖子，如发生在两侧，则头颈伸长、僵直，低头困难。腰风湿：病牛腰部僵硬，疼痛无力，步幅小，步态强拘，转弯困难。四肢风湿：病牛腿瘸，常交替发生，腿伸屈起立困难，患肢僵硬发肿，跛行，常随运动或晴天而好转，而遇冷天又犯。

（2）治疗　牛风湿病治疗愈早，效果愈好。病牛要加强护理，每天坚持适当运动，把牛牵到温暖干燥卫生的地方多晒太阳可加快康复。常用的治疗方法有：

全身疗法：此法适用于肌肉和关节的风湿。常用10％水杨酸钠注射液200～300毫升。5％葡萄糖酸钙注射液200～500毫升，或0.5％氢化可的松注射液100～160毫升。分别静脉注射。1次/天，连用5～7天。体温升高食欲减退的可加抗生素，如：先锋9号等肌肉注射，2次，连用5～7天。局部疗法：此法适用于腰背的风湿。一般用酒糟热敷，方法是将酒糟炒热后装入麻袋，敷于患部，每天1次，

（3）中药、针灸疗法　可用通经活络散，如配合电针或火针，效果更好。

259 牛常见蹄病的分类及发病原因有哪些？

牛常见蹄病主要包括蹄部创伤、蹄叶炎、腐蹄病等。

（1）蹄部创伤　包括蹄冠创伤、蹄底创伤、蹄叉创伤。引起的病因有削蹄不当，伤到肉小叶；在工厂、建筑工地附近牵骝放牧时，由钉子、铁屑、玻璃、炭滓或茬引起；蹄角质过度干燥而引起的龟裂；牛互相蹴踢。

（2）蹄叶炎　蹄叶炎又称蹄壁真皮炎，蹄真皮的弥散性非化脓坏死性炎症。引起的病因有饲养失宜，如饲喂过多的精料，饲料突变或偷吃精料等引起瘤胃酸中毒，产生大量的乳酸和组织胺，作用于蹄部的毛细血管，引起瘀血和炎症，刺激局部的神经而产生剧烈的疼痛；管理不当，如在硬地或不平道路上重度或持续活动，坚硬的牛床上长时间的起卧等，蹄底受到剧烈的机械性的损伤均可使组织中产生大量乳酸与 CO_2，吸收后导致末梢血管瘀血，引起蹄真皮的炎症；蹄形不正，如高蹄或低蹄，狭窄蹄或过长蹄等，影响蹄部血液循环而发病；继发引起，如由于预防注射，化脓性疾患及多发性关节炎、中毒、感冒、难产及分娩后1周以内胎衣不下、子宫内

膜炎引起蛋白质异常分解产生以组织胺为主的炎性产物被吸收，引起蹄真皮的炎症。

（3）腐蹄病　蹄间隙皮肤和邻近软组织的急性和慢性坏死性感染称为腐蹄病，也称为指（趾）间坏死杆菌病或指（趾）间蜂窝织炎。坏死杆菌感染是本病的病原，此外还有葡萄球菌、链球菌、化脓棒状杆菌、绿脓杆菌和变形杆菌、结节状杆菌等；饲养管理不当，如日粮中的钙、磷缺乏和比例不当，特别是在蹄长期受粪、尿、泥浸渍和外伤可诱发本病。

260 蹄叶炎的主要临床表现有哪些？

奶牛、肉牛和青年公牛常发蹄叶炎，多见于牛两后蹄，临床有急、慢性之分：

（1）急性蹄叶炎　发病突然，站立时，若两前蹄患病，则两前肢前伸，蹄踵负重，蹄尖翘起，头高抬，两后肢伸入腹下，呈蹲坐姿势，站立过久时，常想卧地；若两后蹄患病，则头颈低下，两前肢后踏，两后肢诸关节屈曲稍前伸以蹄踵负重，腹部倦缩；若四蹄同时患病，初期四肢前伸，而后四肢频频交换负重，肢势常不一定，终因站立困难而卧倒，强迫运动时，均呈急速短促的紧张步样。蹄温增高，敲打或钳压蹄壁，有明显疼痛反应，尤以蹄尖壁的疼痛更为显著。由于剧烈疼痛，常引起肌肉颤抖、出汗。体温升高、心音亢进、脉搏增数、呼吸迫促、食欲减退、反刍停止、乳量下降等全身症状。继发者尚有原发病症状。

（2）慢性蹄叶炎　病蹄热痛症状减轻，呈轻度跛行。病久可见蹄轮，同时蹄踵壁升高，与地面近似垂直，蹄尖壁近似水平，前蹄冠向后凹陷，整个蹄匣变长，最后形成芜蹄，严重时可见蹄骨穿透蹄底，患牛消瘦，生产性能下降。

261 如何对牛蹄叶炎进行综合防控？

①首先应搞好蹄叶炎的预防工作，加强饲养管理，合理喂饲和使役，避免突然多给精饲料，饲料的变换要在 10 天内逐渐进行；育肥饲料中粗纤维含量至少也要 14%，乳牛至少 18%，防止瘤胃酸中毒；长期休闲者应减料，长途运输或使役时，途中要适当休息，并进行冷蹄浴，日常要注意护蹄。

②对急性蹄叶炎，为改善血液循环，在发病后 36 小时内，可颈静脉放血 1 000～2 000 毫升（体弱者禁用），然后静脉注射 5%葡萄糖生理盐水 1 000～2 000 毫升，内加 0.1%盐酸肾上腺素溶液 1～2 毫升或 10%氯化钙注射液 100～150 毫升；病初 2 天内，可进行冷敷、冷蹄浴或浇注冷水，每日 2～3 次，每次 30～

60分钟，以后改为温敷或温蹄浴；可用0.5%盐酸普鲁卡因溶液30～60毫升，分别注射于系部皮下指（趾）深屈肌腱内外侧进行封闭，隔日1次，连用3～4次；病初可试用抗组织胺药物脱敏，内服盐酸苯海拉明0.5～1克，每日1～2次，或肌肉注射醋酸可的松0.5克，或静脉注射氢化可的松300～500毫克；及早防止或减少蹄小叶的渗出，用10%氯化钙注射液100～150毫升，10%维生素C注射液10～20毫升分别静脉注射，或皮下注射0.1%盐酸肾上腺素溶液3～5毫升，每日1次；及早止痛、抗菌消炎，使用乙酰普吗嗪降低血压和减轻疼痛，全身大剂量使用青霉素肌内注射或静脉滴注；为清理肠道和排出毒物，可应用缓泻剂，静脉注射乳酸钠、碳酸氢钠，解除酸中毒亦可获得满意效果。

③对慢性蹄叶炎，除上述疗法外，应重视蹄的温浴，注意修蹄、削蹄，预防形成芜蹄。出现蹄踵狭窄或蹄冠狭窄时，可挫薄狭窄的蹄壁角质，缓解压迫，并配合装蹄疗法。对芜蹄可作矫形。

262 怎样治疗奶牛蹄部创伤？

在临床上只要是以支跛为主的混合跛时就一定要看是否为蹄部的创伤而引起，治疗时，关键在于找到创伤的部位。首先要除去蹄底、蹄叉中的异物，对创口清创消毒，削蹄、扩创排液；为减轻奶牛疼痛，进行掌、趾神经封闭；最后包扎蹄绷带，涂以松馏油以防湿防腐；必要时装着铁板蹄铁（一般为U形）；配合抗菌消炎及防破伤风。见图50。

图50　牛蹄底溃疡（左后肢外侧趾）

263 奶牛腐蹄病临床表现有哪些？

本病最初侵及蹄底和指间皮肤、角质，然后蔓延到蹄冠、系部和球节，有明显的跛行，并有全身症状。

病初奶牛常常表现食欲、产奶量下降，喜卧，站立时间短，站立时患蹄不愿完全着地，走路跛行，有痛感，此时削去蹄底湿润软化过度增生的蹄角质，则有小孔或大洞状的缺损，流出黑色恶臭的渗出液；急性症状可见频频提举病肢，患蹄刨地、踢腹、跛行、喜卧，体温升高达 40～41℃，蹄部检查可见趾间皮肤红肿和敏感，系部直立或下沉，蹄部呈红色、温热；多数病例呈慢性症状，病程长，随着蹄部较深组织的感染而形成化脓灶，有的形成瘘道；严重病例可侵及腱、趾间韧带、冠关节或蹄关节，可形成腐败性关节炎，从而使全身症状加重，甚至发生败血症而死亡。

264 奶牛腐蹄病的治疗措施有哪些？

对于急性腐蹄病应使病牛休息，全身应用抗生素可静注磺胺二甲基嘧啶，或肌内注射青霉素，但链霉素无效。对于慢性腐蹄病应将病牛从牛群中挑选出来，单独隔离饲养，用磺胺药治疗是需长期保持血药浓度水平。

除选药物治疗外，同时还需做局部处理，且以局部处理为主。进行削蹄、修蹄，先将蹄部修理平整，找出腐败化脓灶，合理扩创，清除腐败角质，排出渗出液及脓汁，洗净后涂以碘酊、鱼石脂软膏、松馏油或消炎粉，外加蹄绷带，3 天更换 1 次，数次即见效，或用 $CuSO_4$ 或 $AgNO_3$ 腐蚀或烧烙进行防腐处理，或用高锰酸钾液浴，炎症明显的，可用掌趾 N 封闭或系部环状封闭。

265 牛血尿的发病原因及分类有哪些？

血尿即是尿中混有血液或红血球的疾病，故又称为红尿病。引起牛排血尿的原因很多，主要是由于草料供应不足，饲养管理不善引起牛的泌尿器官发生血管破裂，使排出的尿液中混有红细胞或血红蛋白，或一时饮水过多，水分大量吸收，引起血液渗透压改变红细胞溶解所致，在炎热的夏季发病较多。此外，还有牛患泌尿系统疾病，如肾炎、膀胱炎、尿道炎以及泌尿系统损伤、肿瘤、息肉和结石等均能引起血尿。细菌性梭菌感染，牛钩端螺旋体病、焦虫病、中毒等均可引起牛排红尿。

牛血尿根据发病部位可分为尿道源性血尿、为膀胱源性血尿、肾脏源性血尿及其他系统器官血尿。一般可将病牛排出的血尿液分前、中、后三部分，分别盛接于3个玻璃杯中，进行肉眼观察。若血尿仅在第一杯中（最初部分）出现，血色鲜红，与尿液不呈均质性混合，血可能来自尿道，为尿道源性血尿，见于尿道炎或尿道损伤；若血尿仅在第三杯（终末部分）中出现，血色发暗，血液与尿液不呈均质性混合，血可能来自膀胱，为膀胱源性血尿，为膀胱炎或膀胱结石的固有症状；如果前中后三杯中都出现血液，血液与尿液呈均质性混合，则血可能来自肾脏，为肾脏性血尿，见于肾炎、肾盂肾炎等病。另外，以高热、血尿为主要病状的病牛，应考虑是否是焦虫病，确诊时以镜检发现虫体为准。

266 如何对牛血尿进行治疗？

牛血尿的治疗一般采用抗菌、消炎、止血，结合中药清热、凉血、止血和滋肾、利尿、降火等都可以收到疗效。可选用以下方法治疗：

①先皮下注射盐酸肾上腺素5毫升，后用25%葡萄糖250毫升，配以酚磺乙胺注射液20克，或配氨甲苯酸10克作静脉滴注，间隔4小时再用药1次以止血；同时一天2次，每次喂服12克的云南白药。

②进行尿路防腐消毒，每天给患牛喂服食用醋1 000毫升后半小时静脉注射克乌洛托品，连用4天；同时用中药清热利湿和止血，效果良好。

③另外，应将患牛拴于安静厩舍，喂以易消化富营养的草料，平时应加强饲养管理，防止打伤腰部或损伤尿路。

267 牛尿路结石是如何发生的？

尿石症是指尿液中析出无机盐结晶，刺激尿路黏膜，引起出血、炎症和阻塞的一种泌尿系统疾病。在管理规范的奶牛场（户）很少发生该病，但在个体养牛户饲养的牛中时有发生。该病多发生在气温较低的秋末、冬、春季节，有时呈群体性发生。犊牛、青年牛、泌乳牛均可发生该病。特别是去势后的肉用公牛，水牛亦屡有发生，且多呈地区性发病。

引起牛尿路结石的病因十分复杂，主要有：长期饲喂富含尿石成分的饲料和饮水，如富含硅酸盐的酒糟、富含磷的麸皮以及硬度较高的饮水；饮水不足而致尿浓缩；维生素A缺乏；日粮中精料多、多汁青饲料少；使用某些药物（如磺胺类药物）；尿路炎症等。

268 尿路结石的临床表现特点有哪些？如何治疗？

尿结石的特征表现为排尿疼痛，病畜表现摇尾不安，后肢踢腹，呈假性疝痛，时作排尿姿势，尿呈淋漓滴或完全无尿；在剧烈运动后，多出现血尿，病畜步态紧张。尿道外部触诊表现疼痛。如龟头部阻塞，可摸到硬结物。直肠检查可发现高度膨大、紧张的膀胱。尿闭时间长时，可引起膀胱破裂或尿毒症而死亡。

当有结石可疑表现时，可多给饮水，增加尿量；饮水必须澄清，无污染，无毒物；硬水须经软化处理饮用；尿道结石可采用按摩法治疗，对于较大与疏松者使之粉碎，随尿液冲出。其方法：以大拇指和食指捏住阴茎，自上而下顺次按摩30～40次，1日3次，或用温热毛巾在结石部位轻轻按摩，每次5～10分钟，1日3次，促使阴茎松弛，利于结石排出。重病例，限制饮水，肌肉注射阿托品3～5毫升，使尿道肌松弛，减少疼痛，然后立刻采取手术疗法，手术后使用利尿剂、抗生素或消炎利尿的中草药。

269 牛难产的发病原因有哪些？其诊断要点及治疗原则有哪些？

(1)病因　奶牛难产可分为母源性和胎儿性难产，主要取决于产力、产道、胎儿3个因素以及它们的相互关系。开口期和胎儿排出期子宫收缩无力是产力不足的主要原因。而胎儿排出期过长，子宫疲劳是导致产力不足的最常见因素。子宫吸收毒素而变性，低血钙症，激素分泌失调等也会导致产力不足。胎儿过大和位置不正(胎向、胎位、胎势不正)是发生难产的最主要因素。胎儿绝对过大与营养、品种等有关；而相对过大与畸形、胎水过多以及相对母牛产道大小有关。产道狭窄主要由公母牛品种、胎次等原因造成。

(2)诊断及治疗

①检查前先了解母牛开始分娩的时间，是初产或经产，胎膜是否破裂，有无羊水流出及破水时间，腹围及母畜大小。初产母畜多因产道狭窄而难产；经产母畜的难产多由于胎畜的位置、方向、姿势不正引起。检查产道是否有黏膜水肿、表面干燥情况和有无损伤，并注意损伤的程度及有无感染。通过产道检查胎儿时，应注意胎位是否正常以及胎儿的生死情况。母牛的全身情况，如心跳过弱或亢进，节律不齐的，必须进行输液或强心等。

②无力分娩的母牛，术者将手伸入其产道，按照助产注意事项，强行将胎畜拉出。或用催产的方法，注射催产素注射液或垂体后叶激素，必要时待20～30分钟

后可重复注射1次。如果母牛产道开张不良，子宫颈紧张，可用普鲁卡因在子宫颈口处分点注射，再慢慢将胎儿拉出，以刺激子宫颈，使其扩张良好。胎畜姿势不正见如下几种情况：a. 头颈侧弯；b. 头颈下弯；c. 头向后仰或头颈扭转；d. 前肢以腕关节屈曲；e. 后肢姿势不正。遇上述各种不正胎位，姿势矫正后再慢慢将胎儿拖出，如1个人拉出有困难，可用消毒的产科绳套住胎儿的某1个部位，令助手顺产道方向牵拉。

270 牛流产的原因及临床表现有哪些？

(1)病因

①饲养因素：粗放式饲养的奶牛，特别是在干奶期，容易造成母牛瘦弱，胎儿得不到足够的营养，造成怀孕母牛流产。日粮单纯，营养不良，饲料中缺乏必要的维生素、矿物质、微量元素等，造成胎儿难以发育及母牛激素分泌的紊乱而引起流产。饲喂发霉、变质饲料，误食含有某些农药或有毒植物的饲料，如硝酸盐、亚硝酸盐、麦角碱、玉米烯酮等，会引起流产或者早期胚胎死亡。在奶牛妊娠后期给奶牛喂发霉的酒糟易造成妊娠母牛流产、生下弱犊牛或生下失明的犊牛；给奶牛喂葵花籽饼超量，易使妊娠中断，排出死胎；给奶牛喂冰冻饲料，易引起子官平滑肌收缩，造成孕牛流产。

②管理因素：由于对奶牛管理粗放、不细心或运动场及牛舍太滑等，导致怀孕母牛突然急剧运动、拥挤、摔倒。腹部受到顶撞、挤压等引起的流产。或者受到逆境的剧烈危害，引起子宫反射性收缩而流产。粗暴式的直肠检查或服用腹泻药、皮质激素药、麻醉药、利尿药、发汗药等也可能造成孕牛流产。应激是造成奶牛流产的重要原因之一。环境温度突然升高可导致奶牛流产。牛舍环境过度潮湿、拥挤、闷热，气温在30℃以上时牛易发生中暑，在强烈的日光照射下牛易患热射病等均能引起流产。

③疾病因素：导致奶牛流产的疾病很多。包括多种全身性疾病和局部性疾病。这些疾病因素中，非传染性疾病伴有高热与呼吸困难的疾病；肝、肾、心机能严重障碍的疾病；子宫内膜炎、宫颈炎等生殖系统疾病；严重的大出血、下痢和臌气等都易造成孕牛流产。

(2)临床表现　①隐形流产；②排出不足月的胎儿；③排出死胎；④延期流产。

271 如何对牛的流产进行综合性防治？

(1)营养方面　供给奶牛营养全面丰富的富含维生素A、维生素B_2、矿物质等微量元素的优质饲料，特别是在奶牛产前、产后应注意钙的添加。防止因其抵抗力下降和缺钙而引发疾病。禁止饲喂霉变、冰冻饲料。

(2)饲养管理方面　①做好防暑防寒工作，尽可能控制牛舍的环境温度。特别是要做好防暑降温工作。②平常要注意畜体的卫生，认真刷拭奶牛的体表，尤其要注意保持孕牛腹部卫生，防止发生子宫炎、阴道炎。加强畜群和环境的卫生、消毒工作。③做好人工授精工作。应请专业人员进行人工授精操作，并且严格执行人工授精操作规程，做到先查胎，授精时要先对子宫体进行触摸检查，以便及时发现异常，并采取相应的治疗措施，检查完毕后再配种。④适时授精。配种时机应该选择在发情中后期进行。⑤所用的器械要严格消毒，动作应严格遵循标准。防止在授精的过程中使器械伤害子宫。

(3)防止因患疾病而导致流产　做到定期消毒、定期检疫、制定合理的免疫程序。并且进行预防接种，每年应定期驱虫。引种时，对可引发流产的布氏杆菌病、沙门氏菌病、结核病以及其他传染性疾病进行有效的严格检疫，防止带入疫病。尽量从无病地区引种，并在隔离条件下进行检疫和饲养 30 天以上，确定无病后方可混群。对有流产病史的奶牛应进行药物预防，可根据其上次流产的孕期提前 14～21 天肌肉注射黄体酮 50～100 毫克/头，而后隔天注射 1 次，连用 3～5 次。对孕牛用药时，应考虑药物的副作用，一定不能使用可产生流产副作用的药物。

272 奶牛生产瘫痪的发病原因有哪些？其主要临床表现有哪些？如何对其进行治疗？

(1)病因　①进入乳汁钙过多。分娩前后大量血钙进入初乳，使血钙浓度急剧降低；②机体动用骨钙能力降低；③肠道吸收钙减少；④饲料中蛋白过高；⑤饲料中缺碘；⑥光照不足。妊娠后期光照不足，维生素 D 的合成不足，也影响钙的吸收；⑦运动不足。研究结果发现，妊娠后期母牛运动不足对生产瘫痪的发病率有一定的诱导作用；⑧前胃疾病。奶牛产前患有前胃疾病，可使食欲下降，消化功能障碍，从而影响钙、磷的重新吸收和利用。

(2)临床表现　多数病例在产后 3 天之内发病，个别的在生产过程中或产前数小时发病，根据临床表现可分为典型(重型)和非典型(轻型)2 种。典型的生产瘫痪发展很快，从开始发病到出现典型症状不超过 12 小时。病初通常是食欲减退或废绝，不反刍，排粪、排尿停止，泌乳量迅速降低；精神沉郁，间或轻度不安；不愿走动，后肢交替踏地，站立不稳，四肢肌肉震颤；鼻镜发干，四肢及身体末端发凉，体温降低；呼吸变慢。初期症状出现数小时，病畜出现瘫痪症状，病畜以一种特殊的姿势卧地，即伏卧，四肢屈于躯干以下，头向后弯到胸部一侧，用手将头颈拉直，但一松手，又重新弯向胸部；时间一长，出现瘤胃臌气，并出现意识抑制和知觉丧失的特征症状。病牛昏睡，眼睑反射减弱或消失，瞳孔散大，对光线照射无发应，皮肤对疼痛刺激无反应。肛门松弛，反射消失。心音及脉搏减弱；个别的发生喉头及舌麻痹，舌伸出口外不能缩回。病畜死前处于昏迷状态，死亡时安静，个别的出现挣扎。非典型病例在临床上多见。其症状主要是头颈姿势不自然，病牛精神极度沉郁，但不昏睡，食欲废绝，各种反射减弱，但不完全消失。病牛有时能勉强站立，但站立不稳，且行动困难，步态摇摆。体温一般正常或低于37℃。

（3）治疗　①糖钙疗法。本法适用于血钙浓度急剧降低的患畜，常用10％葡萄糖酸钙300～500毫升静脉注射，如在其中加入4％的硼酸可以提高葡萄糖酸钙的溶解度和溶液稳定性，效果更佳；②乳房送风疗法。本法特别适用于对糖钙疗法反应不佳或者复发的病例。该法可使流入乳房的血液减少，随血液流入初乳而丧失的钙也减少，血钙水平得以提高；同时全身血压升高，可以消除脑的缺氧、缺血状态，使其调节血钙平衡的功能得以恢复。③促肾上腺皮质激素疗法。肌肉注射200～400单位，每8小时注射1次，效果良好；促肾上腺皮质激素可以促进肾脏的血液循环而使肾脏对钙的回收增加，以提高血钙浓度。

273 奶牛胎衣不下发病原因有哪些？其主要的临床表现有哪些？

（1）奶牛胎衣不下的病因　极其复杂，与多种生理因素和营养因素有关。试验研究表明，胎衣不下不仅仅是一种病理性疾病，更主要的是一种营养代谢性疾病。具体病因分析如下：

①干奶后期日粮中钙和磷的含量过多。干奶期日粮中钙和磷的含量过多，会导致体内钙磷代谢失调，从而影响钙、磷的吸收，造成产后低血钙，导致胎衣不下。

②干奶期奶牛的饲养管理较差。干奶期日粮中能量和蛋白质过度缺乏，牛体况较差，产后无力排出胎衣。据测试，干奶期奶牛日粮中蛋白质的水平为8％时，产后胎衣不下的发病率为50％，蛋白质的水平在15％时，产后胎衣不下的发病率为20％。但干奶期如果能量过高则牛会过肥，同样也会导致胎衣不下。

③干奶期牛的日粮中硒、维生素A、维生素E含量不足，可增加胎衣不下的发病率。经过大量的饲养实验证明，在干奶牛的日粮中补充硒、维生素A、维生素E，可大大降低胎衣不下的发病率。

④遗传因素。围产期牛血液激素比例不正常，前列腺素$F_{2\alpha}$的浓度过低，产后催产素释放不足，影响子宫收缩，导致胎衣不能正常排出。

⑤胎盘炎病。怀孕期间子宫受到某些细菌和病毒感染，发生了子宫内膜炎和胎盘炎，使胎儿胎盘和母体胎盘发生粘连，导致胎衣不下。

⑥胎儿过大，发生难产。子宫持久扩张，产后收缩无力，也可导致胎衣不下。

(2)临床表现　根据胎衣在子宫内存留的多少，胎衣不下可分为全部胎衣不下和部分胎衣不下2种：

①全部胎衣不下：即整个胎衣不排出来，胎儿胎盘的大部分仍与子宫黏膜连接，仅见一部分胎膜悬吊于阴门之外，悬吊于阴门外的胎衣也可能断离。在这种情况下需要进行阴道检查，产道入手检查可摸到大部分胎衣仍滞留在阴道及子宫内，才能发现子宫内还有胎衣。

②部分胎衣不下：是指大部分胎衣脱落悬垂于阴门外，只有一部分或个别胎儿胎盘残留在子宫内。将脱落不久的胎衣摊开在地面上，仔细观察胎衣破裂处的边缘及其血管断端能否吻合以及子叶有无缺失，可以查出是否发生部分胎衣不下。

274 胎衣不下的治疗措施有哪些？

(1)人工剥离胎衣法

具体操作：首先做好术前准备，穿戴长靴及围裙，清洗母牛的外阴及其周围，并按常规消毒。用绷带包缠病畜的尾根，拉向一侧系于颈部。将阴门外悬吊的胎衣理顺，并轻拧儿圈系于左手，右手沿着它伸进子宫进行剥离。在母体胎盘与其蒂交界处，用拇指及食指捏住胎儿胎盘的边缘，轻轻将其自母体胎盘上撕开一点，或用食指尖将其抠开一点，再将食指或拇指伸入胎儿胎盘与母体胎盘之间，逐步把它们分开，直至将两侧子宫角内的胎盘全部剥离完，再用0.1%新洁尔灭溶液清洗子宫腔，直至排出的清洗液清亮为止。

(2)子宫内灌注浓盐水法

(3)激素疗法　用激素疗法共治疗32头胎衣不下患牛，具体操作：奶牛分娩后或分娩后8～12小时胎衣还未脱落，立即肌肉注射缩宫素100 IU，每隔4小时注射一次，连用3～4次，如果在注射缩宫素前配合苯甲酸雌二醇肌肉注射液15毫克，效果会更好。

275 奶牛急性子宫内膜炎是怎样发生的？

①主要由自然环境中存在的非特异性细菌引起，最常见的有大肠杆菌、链球菌、葡萄球菌、棒状杆菌、变形杆菌和嗜血杆菌等。此外，某些特异性病原微生物如

结核杆菌、布氏杆菌、沙门氏菌、胎儿弧菌、牛鼻气管炎病毒、牛腹泻病毒等均可引发此病。

②牛体和畜舍环境卫生不良、流产、分娩配种、助产、剥离胎衣、整复子宫过程消毒不严、粗暴等，应激等不良因素都诱发本病。

276 子宫内膜炎的分类及每类特征性症状有哪些?

(1)按临床表现及发病程度不同分类　可分为急性子宫内膜炎和慢性子宫内膜炎（包括慢性卡他性子宫内膜炎、慢性卡他脓性子宫内膜炎、慢性脓性子宫内膜炎、慢性隐性子宫内膜炎）。

(2)特征性症状

①急性子宫内膜炎发病急，患病奶牛全身症状不明显，有时体温稍有升高，食欲减退，弓背努责，常作排尿动作，有些母牛尾根上翘等。母牛发情正常，但是屡配不孕。阴道检查时，可见子宫颈肿胀，有疼痛感。直肠检查时子宫角呈圆筒状，基部和尖部粗细几乎一样，末端不呈圆锥状而平坦，体积增大2～4倍，位置下沉，子宫阔韧带拉紧，发情周期正常，黏液量大，有时含有絮状物。

②慢性卡他性子宫内膜炎，子宫黏膜松弛增厚，一般无全身症状，发情周期正常，但屡配不孕。阴道检查时，子宫颈口开张，子宫颈松弛，黏膜充血，流出白色、灰白色或浅黄色的黏稠渗出物，发情时流出稀薄的透明液体，直肠检查时，两子宫角变粗，壁厚，从基部到顶端几乎相等，顶端粗钝呈圆筒状，子宫体变厚，质地松软，收缩无力，有时可摸到子宫壁厚薄不均。冲洗子宫时，回流液浑浊如淘米水样。

③慢性脓性子宫内膜炎的病理变化比较严重，子宫内膜肿胀，剧烈充血和瘀血。有脓性浸润，上皮组织变性、坏死、脱落。当母牛卧下时，有黏稠脓液流出，带有腥臭味，常在其尾根处结成痂皮，病牛出现全身症状，精神不振，体温升高，食欲减退，逐渐消瘦，发情周期紊乱。直肠检查时，两侧子宫角增大，收缩反应微弱，子宫壁厚薄软硬程度不均，冲洗子宫时，其回流液像面汤。

④慢性隐性子宫内膜炎:发病不明显，阴道和直肠检查无明显病理变化，发情周期正常，就是屡配不孕。针对该种情况，总结出两种确诊的方法:一是取发情母牛的黏液1滴放置于显微镜载玻片上。再取精液1滴与黏液混合。如发现精子很快大部分死亡。即为慢性隐性子宫内膜炎。若10分钟以上精子运动正常则不是该病，应另找原因。二是取检测奶牛阴道深部分泌物1滴，用广泛试纸进行试验，如浸湿的试纸在pH 7以下，也可怀疑为隐性子宫内膜炎。隐性子宫内膜炎常不被人注意，但在实践中隐性子宫内膜炎所占比例较高，应首先考虑，并及时进行治疗。

277 子宫内膜炎的诊断要点及治疗措施有哪些？

根据每类子宫内膜炎具体临床症状确定属于哪一类子宫内膜炎。

治疗措施：

（1）急性子宫内膜炎　应早发现、早治疗，即以大量抗菌素和磺胺类药物治疗。如用青霉素、链霉素，每次肌肉注射 300 万单位，每昼夜 4～6 次，或磺胺类药物每昼夜服 2 次。心力衰竭的给予强心药，如 5%～10%的葡萄糖注射液 1 000～1 500 毫升，樟脑 20～30 毫升，维生素 C 10～20 毫升，一次静脉注射。也可用 0.1%高锰酸钾（20℃）冲洗子宫。为促进子宫内容物的排出，可每日 2 次于后海穴注入脑垂体后叶素或催产素，每次 100 单位，氯前列烯醇 50 毫克，一次肌内注射。

（2）慢性卡他和慢性卡他脓性子宫内膜炎　除全身治疗外先用消毒性冲洗液冲洗 2～3 次，再用 5%热盐水冲洗 2 次，洗后灌注抗生素，待子宫病变明显消失后，用 1%的生理盐水或 1%～2%的小苏打冲洗 1～2 次，洗后再灌注抗生素，即可参加配种。

（3）化脓性子宫内膜炎　先用 0.1%碘溶液冲洗 1～2 次，再用 0.1%高锰酸钾溶液冲洗 2～3 次。然后用 5%热盐水冲洗 1～2 次后向子宫内灌注抗生素。

（4）隐性子宫内膜炎　可在发情时用 1%小苏打水或生理盐水冲洗子宫，再注入青霉素、链霉素 200 万单位。也可用中药制剂治疗隐性子宫内膜炎，临床效果也不错。为了有针对性地治疗子宫内膜炎最好先进行药敏试验，之后选择敏感药物治疗，如氟苯尼考、氧氟沙星、红霉素等。

278 奶牛产后在哪些情况下容易出现子宫脱出或者阴道脱出？

（1）子宫脱　饲养管理因素包括妊娠期饲养管理不当，饲料单一，质量差，缺乏运动，畜体瘦弱无力等，致使会阴部组织、肌肉和韧带松弛，无力固定子宫，年老和经产母畜易发生。在难产助产过程中操作粗暴，助产不当，难产干燥，强力而迅速拉出胎儿，胎衣不下，在露出的胎衣端系以重物及胎儿脐带粗短等也可引起。其他产科因素多见于改良品种胎儿过大、胎水过多造成子宫韧带松弛等都易引起本病发生。继发于其他疾病，例如瘤胃臌气、瘤胃积食、便秘、腹泻等也能诱发本病。

（2）阴道脱　奶牛顽固性阴道脱是固定阴道的组织弛缓，腹内压过高及努责过强引起阴道壁脱出于阴门外，特别是奶牛躺卧时更为明显。多因奶牛体质虚弱，中气下陷或肾气不足，冲任不固；或助产不当，强力牵拉胎儿等，均可引起本病发生。

279 子宫脱出或者阴道脱出整复技术操作应注意哪些问题？

子宫部分脱出，要加强护理，防止脱出部位再扩大及受损。例如将其尾固定，以防摩擦脱出部位，减少感染机会；多放牧，舍饲时要给予易消化饲料等，不采取特殊疗法也可自愈。对于不能自行恢复的部分脱出和全部子宫脱出，均要手术整复。

站立整复：即将病牛站立保定在前低后高、干燥的体位。用温的0.1%高锰酸钾溶液冲洗脱出部分的表面及其周围的污物，剥离残留的胎衣以及坏死组织，再用3%～5%温明矾水冲洗，并注意止血。如果脱出部分水肿明显，可用消毒针头乱刺黏膜挤压排液，如有裂口，应涂擦碘酊，裂口深而大的要缝合。用2%普鲁卡因8～10毫升在尾荐间隙注射，施行硬膜外腔麻醉。在脱出部包盖浸有消毒、抗菌药物的油纱布，用手掌趁患畜不努责时将脱出的子宫托送入阴道，直至子宫恢复正常位置，再插入至阴道并在里面停留片刻，以防努责时再脱出。同时，为防止感染和促进子宫收缩，可在子宫内放置抗生素或磺胺类胶囊或者粉剂，随后注射垂体后叶素或催产素60～100 U。

280 奶牛不孕症分为哪几类？

(1)子宫疾病　如急、慢性子宫内膜炎、子宫积液、子宫积脓、阴道炎、胎衣不下。

(2)卵巢疾病　卵巢机能不全(排卵延迟)、持久黄体、黄体囊肿、卵泡囊肿、卵巢静止。

(3)饲养管理性不育　包括饲养性不育、管理性不育、繁殖技术性不育、环境性不育、衰老性不育。

281 牛不孕症的主要原因有哪些？

(1)营养缺乏　目前，农村奶牛饲养集约化程度不高，大多数以散养舍饲、粗放的饲养方式为主。养牛户不按照科学饲养方法进行饲喂，饲料的质和量都达不到奶牛的营养需要。长期的饲料单一，营养缺乏，致使维生素、微量元素，尤其是蛋白质不足，奶牛营养不良，卵巢机能受到抑制，出现卵巢缩小、卵泡停止发育、不排卵，导致卵巢组织萎缩和硬化，奶牛卵巢机能减退或出现持久黄体，引起奶牛不发情或发情不全。

(2)运动不足　长期得不到运动,体内代谢缓慢,性激素分泌减少,卵巢生长发育缓慢,卵巢囊肿,或卵巢脂肪沉积,卵泡上皮脂肪变性,不能发情。

(3)光照不够　气候的变化或寒冷的冬季,奶牛在舍内时间过长,缺少户外运动,长时间得不到光照,舍内潮湿,卫生状况极差,体内性激素代谢受到影响,卵巢机能受到抑制,出现卵巢囊肿、卵泡发育或排卵受阻,停止发情。

(4)子宫或全身性疾病　由于受子宫内膜炎的炎症病程、炎性产物及细菌毒素影响,一方面直接危害精子的活力及胚胎着床;另一方面母牛呈现周期性紊乱,影响受精,配种不孕;有时即使能够发生受精,但进入子宫内的胚胎也会处于不利环境而死亡。消化及呼吸道疾病、营养代谢疾病、传染病和寄生虫病等全身性疾病都可以引起卵巢机能不全而发生排卵障碍。

(5)内分泌机能失调　激素分泌量不足,导致卵泡滞留,引起卵泡囊肿,奶牛发情周期紊乱,无正常发情周期。

282　奶牛发情周期正常,但屡次配不上种是什么原因?如何解决?

①隐性子宫内膜炎病牛一般不表现全身症状,有时体温略高,食欲、奶量下降。发情时排出的黏液较正常的多,偶尔夹杂有絮状物或黏液稍浑浊,发情周期正常但屡配不孕。阴道检查可见子宫颈稍开张,有时可看到阴道中有透明或稍浑浊黏液,子宫冲洗回流液略浑浊,呈淘米水样。直肠检查,子宫角稍变粗,子宫壁稍变厚,收缩反应弱,两侧子宫角几乎对称。

②产后1周内在消炎补液的同时配合使用甲硝唑(0.5克/50毫升)250～500毫升,静脉注射,每天1次,连用5次。提前预防治疗可收到较好的效果。0.9%生理盐水(或蒸馏水)250毫升,利凡诺0.5～1.0克,混合均匀注入子宫内,每3～5天1次。根据产后炎症时间、子宫大小调整利凡诺清宫液的浓度和使用量。利凡诺清宫对产后1周病牛和炎症时间不长、炎症较轻的隐性子宫内膜炎有效率在80%以上。

③8%鱼石脂液50～100毫升,加温至40℃,注入子宫内,对坏死隐性子宫内膜炎(一般直检子宫一侧子宫内有肿块、硬状物)疗效显著。

④1%～3%碘制剂。用天平称取2～6克碘化钾溶于10～15毫升蒸馏水,称取1～3克碘加入碘化钾溶液中,用力摇至完全溶解,加蒸馏水至100毫升。在配制过程中要注意碘化钾和碘溶解先后顺序,否则碘难以溶解。另注意配制过程中不加酒精,酒精对子宫的刺激较大,影响治疗效果。取50～100毫升注入子宫内,每3～4天1次,连用4～5次,对长期使用抗生素、防腐消毒药无效的顽固隐性子

宫内膜炎有很好的治疗效果。一方面碘制剂对细菌、病毒等致病微生物有超强的杀伤力，同时对子宫内膜有较好的愈合作用。

283 如何鉴别诊断持久黄体、卵巢静止、卵泡囊肿、黄体囊肿？

表1 临床症状及病因

类型	发情情况	卵巢触诊	子宫触诊	黏液检查	病因
卵巢静止	无发情	较硬且光滑	子宫收缩无力	无黏液	促卵泡素缺乏
持久黄体	无发情	有一坚实突起	子宫收缩无力	浑浊、黏稠	黄体不消退
卵泡囊肿	长期发情	有较大泡状物	有时收缩无力	较稀薄	促黄体素缺乏
黄体囊肿	无发情	有一突起，顶部较软	子宫收缩无力	浑浊、黏稠	促黄体素缺乏

284 治疗慢性子宫内膜炎时应如何掌握好治疗时机？有哪些注意事项？

慢性子宫内膜炎大多是由急性子宫内膜炎发展而来，或经配种感染，母牛发生慢性子宫内膜炎往往会发情不正常，或者虽发情正常，但不易受孕，即使受孕了，也易发生流产。慢性子宫内膜炎症状类似急性子宫内膜炎，临床症状较为轻微，在母牛产后20天以前不易发现，奶牛多数在产后2～3周排尽恶露，第四周才排出浑浊黏液，产后30天以后黏液清凉透明，恢复正常，因此，在产后20～26天是诊断慢性子宫内膜炎的最佳时机，在26天后还排出脓性分泌物，即可确诊，治疗慢性子宫内膜炎最佳时机在产后第一个发情期对母牛子宫冲洗、投药。

285 诊断奶牛不孕症时应掌握哪些要素？

不孕症不是一种病，而是各种因素作用于机体的一种综合表现。一旦发生不孕，临床上也无特效药物治疗。

①饲料单纯，营养不全，粗饲料终年基本是麦秸和干玉米秸秆，其他饲草很少。由于缺乏蛋白质、矿物质，破坏了母牛正常机能，致使母牛出现卵巢变硬或卵巢静止、囊肿，临床上表现乏情或发情不正常等。

②奶牛场环境、气候恶劣导致不发情。

③奶牛体质性不孕出现过肥，导致卵巢囊肿，频频发情；母牛过瘦，大多数不排

卵，发情不明显，多发生于老龄牛。许多养殖户不愿淘汰产奶良好的奶牛，而这些母牛随年龄的增长逐渐进入绝情期，其生殖机能也会逐渐退化而久配不孕。

④在接产、助产及进行其他产科操作的过程中，消毒不严会引起生殖道感染，造成疾病性不孕，或因其他产科疾病而引发产科疾病。主要表现为阴道炎、子宫内膜炎、卵巢囊肿、排卵延迟等。

286 奶牛乳腺炎的发病原因有哪些？

(1)微生物和病菌因素　引起奶牛乳腺炎的病原微生物比较复杂，有细菌、真菌、支原体、病毒等80多种，一般情况下，葡萄球菌、链球菌、大肠杆菌在临床型乳腺炎中占70%以上，其次是化脓性棒状杆菌、坏死杆菌、绿脓杆菌等。各种微生物的感染程度因地区不同而异，环境或体内的细菌、病毒、真菌等病原微生物通过乳头管、乳房外伤或血液进入乳房，使乳房受到了感染而引起乳腺发炎。

(2)饲养管理不当　①外界环境因素：如奶牛场环境卫生条件差，牛舍不清洁、不消毒；牛床、运动场潮湿；垫草不及时更换；不及时冲洗、消毒挤奶器；挤奶前不清洗乳房或一块毛巾擦洗很多牛等都会引起奶牛的乳腺炎。②榨乳技术：若挤奶员挤奶技术不熟练或操作不规范，会使乳头黏膜上皮损伤；机器挤奶时间过长，负压过高或抽动过速，也会损伤乳头皮肤和黏膜；挤奶前手未洗干净，挤奶机器不配套，清洗乳房的水更换不及时等也是引起本病的诱因。③奶牛饲喂不合理：对于高产奶牛，高能量、高蛋白质的日粮有利于提高产奶量，同时也增加了乳房的负荷，使机体的抵抗力降低，从而引发乳腺炎。而一定量的维生素和矿物质在抗感染中能起重要作用，如补充亚硒酸钠、维生素E、维生素A会降低乳腺炎的发病率。

(3)继发于某些疾病　如胃肠疾病、饲料中毒、生殖器官炎症等疾病毒素的吸收。

287 奶牛乳腺炎的分类及临床症状有哪些？

(1)临床型乳腺炎　为乳房间质、实质或间质实质组织的炎症。特征为乳量减少、乳汁变性、乳房组织出现不同程度的肿胀、温热、疼痛。根据病情长短和病情严重程度分为最急性、急性、亚急性和慢性乳腺炎。

①最急性乳腺炎：病情严重，发展迅速。患病乳区肿胀严重，乳头也随之肿胀，皮肤发红或发紫。触摸时感觉乳房发热、疼痛，整个患病乳区质地坚硬如石。挤不出奶，或仅能挤出一两把黄水或淡的血水。患病牛持续发烧，体温升高至41.5～

42℃，心率及呼吸增加，精神不振，食欲废绝。如不及时治疗可危及奶牛生命安全，死亡率达10%以上。

②急性乳腺炎：病情较最急性缓和，患病牛乳区肿胀，皮肤发红，乳房发热、疼痛明显，有硬块、常拒绝检查。产奶量下降。乳汁呈灰白色，内混有凝块、絮状物。奶牛全身症状较轻，精神尚好，体温稍高或正常，食欲减退，如能及时治疗，也可以比较快地痊愈，患病乳区不会遗留形态和机能异常。

③亚急性乳腺炎：发病缓和，发病乳区病理变化较轻；食欲、体温、脉搏等全身反应都正常；乳汁稍稀薄，颜色基本正常，常见最初几把奶内含絮状物或凝块。体细胞数增多，pH 偏高。这类乳腺炎只要及时治疗便可以痊愈。

④慢性乳腺炎：由急性转变而来，病程长，反复发生。一般患病乳区临床症状不明显。也不表现全身症状。但产奶量下降。药物反应差，疗效低，头几把乳汁有块状物。患病严重乳牛乳汁放置后能分出乳清和内含脓汁，乳房有大小不等的硬结。由于此病反复发作，可导致乳腺萎缩，乳头变小。

(2)隐性乳腺炎　隐性乳腺炎肉眼看不出乳房和乳汁的异常变化。无临床症状表现，但患病牛产奶量减少，奶的品质下降，乳中细菌数、体细胞数增加，pH 7 以上，呈偏碱性，导电值也发生变化。

288 乳腺炎的治疗方式有哪些？

(1)药物疗法

①乳房内注入药物，是治疗奶牛乳腺炎常用、简便、有效的方法。注入药物前、术者手、乳头，均要进行严格消毒，乳房内的乳要挤净。如果有浓汁要挤出，如果浓汁不易挤出。可用2%～3%苏打水使其“水化”再挤。每患畜用青霉素50万国际单位，链霉素0.5克，溶于50毫升蒸馏水中，再加入0.25%的普鲁卡因溶液10毫升，经乳导管注入，2次/天。

②肌肉或静脉注射抗生素。主要是用于全身症状明显或急性乳腺炎的病牛。可用青霉素350万国际单位或阿莫西林200万～300万国际单位，链霉素4克，1次肌肉注射。每日两次，四环素按每日5～10毫克(克体重)，分两次静脉注射。

③静脉注射普鲁卡因液，可用青霉素、链霉素各100万～300万国际单位，加3%普鲁卡因10～20毫升、生理盐水40～60毫升。

④慢性乳腺炎的治疗，一般采取局部刺激疗法。采用樟脑、鱼石脂软膏或碘甘油，将乳房洗净擦干后涂于患处，效果明显。

(2)中草药疗法　常用的中成药有乳炎消油剂、消炎膏、乳房外用消肿散。中药常用的有蒲公英、瓜蒌、金银花、连翘、木通、香附、陈皮、柴胡、当归、川芎、益母草、桃仁、红花、王不留行、黄芪、甘草等。不管哪一种剂型，都应在中兽医理论指导下，采用因地制宜、因时制宜、因牛制宜的原则，选择对奶牛乳房刺激性小、疗效明显的中草药治疗。

(3)封闭疗法　封闭治疗主要包括乳基封闭和会阴神经封闭两种治疗方法。可以用0.25%～0.5%的普鲁卡因150毫升，进行乳房基部注射，再配合全身注射抗生素进行治疗，以减少发病乳区的疼痛，加强患病乳区乳腺细胞的新陈代谢。也可以同时加入160万单位青霉素+100单位链霉素进行乳基封闭治疗。

(4)按摩疗法　每次挤奶前做15～20分钟乳房按摩，浆液性乳腺炎自下而上，卡他性乳腺炎为了防止炎症的扩散。由上部向下部按摩。在发病后2～3天，乳房按摩的同时配合热敷。用热毛巾浸以硫酸镁液热敷按摩，促进并改善血液及淋巴液循环，恢复乳腺管道的通透性，促进乳汁及炎症产物快速排出。但纤维素性、出血性、蜂窝炎性乳腺炎禁忌按摩。

289 导致奶牛血乳的原因有哪些？如何解决？

(1)原因　奶牛血乳病多在产后1～7天内发生，具体原因可能有以下几种。

①分娩后，母牛乳房血管充血状况发生改变，乳腺内的毛细血管壁通透性增大，红细胞或血红蛋白渗进腺泡腔或腺管腔，使乳汁变红。这可能与机体中毒有关。

②分娩后，母牛乳房肿胀、水肿严重或乳房下垂，牛在运动或卧地时乳房受到挤压；牛只互相爬跨或进入圈舍时因相互拥挤而突然滑倒造成机械性损伤，使乳房血管破裂，从而引发血乳。

③一些母牛若伴有血小板减少或其他血凝障碍性疾病，也易发生乳房出血。

④牛体有代谢障碍，如奶牛发生应激反应，也可能导致该病。

(2)预防　加强管理，减少不良因素对乳房的作用。保持运动场干燥、平坦，及时清除运动场上的粪便、石子、瓦片，冬季铺垫褥草，平时铺垫沙土。

(3)治疗　对病畜加强护理，减少精饲料和多汁饲料的饲喂量，限制饮水。严禁按摩和热敷乳房。①为促进奶牛病情的恢复，应使用止血药。可用止血敏10～20毫升，肌肉注射；或肌内注射仙鹤草素注射液30～40毫升，2～3次/天；或肌肉注射安络血20毫升(含安络血100毫克)，2～3次/天。②促进乳腺炎症消退，防止继发感染。可用青霉素250万～300万单位，1次肌肉注射，2次/天，连用3天。③奶牛发生血乳后，若发现贫血症状，应采取输血、补充钙剂及补液等措施。

290 如何诊断奶牛乳腺管狭窄？如何治疗？

①奶牛乳头管狭窄及闭锁主要由于损伤引起，如牛舍地板铁钉帽嵌入乳头孔刮伤，草、木刺刺伤。榨乳时过度的牵拉乳头管等原因，造成乳头管平滑肌的损伤，引起结缔组织增生，形成绿豆粒到黄豆粒大小不等的结节，用手可以摸到。榨乳时乳汁排放困难，奶流变细，有的呈细线状，有的完全阻碍了乳汁排放，挤不出奶。

②将液氮罐中的氮液倒入瓷缸内，将通乳针放入缸内液氮中，置半分钟备用。术者一手握住患牛乳头，摆平，乳头孔周围用酒精棉消毒，助手用大镊子夹起乳针，术者另一支手用毛巾缠上乳针针帽处，迅速旋转送入乳头孔内，穿过乳头管增生的结缔组织，握乳头的手将增生的结节往乳针上按，取出乳针放入缸内液氮中。换上另一乳针，按如上方法操作3～5次，结节消失，操作结束。取出乳针，放入消毒的软胶管，一头送入乳头乳池。榨乳时，经细管放乳，之后送入消炎药，每天2次，连用3天。7天取下细管，正常榨乳。

291 在生产上如何对奶牛乳腺炎进行有效地防控？

(1)营造清洁舒适的环境　确保牛舍、牛床设计合理并有足够的清洁干燥垫料。保持适当的饲养密度。搞好牛舍环境卫生，使牛舍通风良好、向阳性好。保持牛体清洁，定期消毒(每隔15天喷雾消毒1次)牛舍、牛床。

(2)加强挤奶卫生　执行挤奶操作规程挤奶前应将牛床打扫清洁，并将牛体特别是后躯刷拭干净；挤奶前最好用200～300毫升/有效氯溶液清洗乳房，再用50℃的温水浸湿过的干净毛巾彻底洗净乳房，动作应轻柔；头几把乳应挤在容器内，不要挤在牛床上；加强挤奶员卫生，挤奶员要固定，定期进行健康检查。

(3)坚持乳头药浴　常用药浴药品有4%次氯酸钠、0.3%～0.5%洗必泰、0.2%过氧乙酸、0.5%～1%碘伏。药浴注意事项：①初次使用，药物浓度由低逐渐增大，使乳头皮肤有一个适应过程。②使用新的药液，应先做试验，如无反应，再扩大范围。③使用药物要符合标准，如次氯酸钠的含碱量不超过0.05%。④严冬季节，为防止乳头冻伤和破裂，可暂停药浴。

(4)干奶期防治　干奶期注入抗菌药物。干奶期预防是奶牛乳腺炎控制中消除感染最有效的环节。在干奶期最后一次挤奶后，向每个乳区注入适量的长效抗菌药物，不仅能有效治疗泌乳期遗留下来的感染，还能有效预防干奶期发生新的感染。

(5)定期进行隐性乳腺炎的监测　定期对泌乳期奶牛进行隐性乳腺炎监测，了解奶牛健康状况是防止乳腺炎蔓延的一个有力措施。利用CMT法、HMT法等方法交叉综合应用可收到良好的检查效果。吞噬细胞的化学发光法(EL法)快速且灵敏，可以检测出刚刚侵入机体的病原菌并以客观的数字表现出来。对患临床乳腺炎牛的处理情况做详细地记录，包括发病时间、鉴定情况、感染区、用药结果及愈后情况等。

(6)及时治疗，淘汰病牛　及时诊治患病奶牛，医治不好的进行淘汰。

(7)科学饲养　奶牛的营养需求合理，能够维持奶牛的最佳生理功能，在配置高产奶牛的日粮时，添加维生素A、维生素E等可提高奶牛机体的抵抗力，减少乳腺炎的发病率。

(8)免疫预防　乳腺炎疫苗可以有效地预防乳腺炎，特别是隐性乳腺炎的发生。如兰州兽研所的奶牛乳腺炎多联苗(A)对金黄色葡萄球菌、无乳链球菌和停乳链球菌有很好的免疫效果；奶牛乳腺炎多联苗(B)在(A)的基础之上增加了对大肠杆菌和球菌的免疫，免疫效果更全面。

五、牛场经营管理

292 应从哪些方面对规模化牛场的环境进行控制？

(1)牛场的建设

①场址选择：牛场的建设要依据城镇建设发展规划、农牧业发展规划、农田基本建设规划和我国环境保护的政策向导等来规划场址。

②牛场的配套设施：配套设施有运动场和凉棚、乳品处理间、饲料库、干草棚及草库、青贮窖或青贮池、人工受精室、防疫设施、兽医室和病牛舍、粪场及贮尿污水池、牛场绿化等。

(2)牛场环境的控制　对牛场的环境进行调控其目的就是为牛创造良好的生活和生产条件，以保持健康、预防疾病、提高生产力和降低生产成本，充分发挥牛的利用价值，来满足人民生活和轻工业原料上日益增长的需要。

①湿度：对于奶牛的生产性能来说，50%～70%的相对湿度是比较适宜的，规定的最高限度是成年牛舍、育成牛舍为85%，犊牛舍、分娩室、公牛舍为75%。

②温度：牛舍最理想的舍温应该是在动物的等热区和临界温度之间，这时牛的生产力、饲料利用率和抗病能力都较高，奶牛的生产性能可达到最佳状态，成年奶牛舍内的适宜温度是5～21℃，最佳温度是10～15℃；犊牛舍内的适宜温度是10～24℃，最佳温度是17℃。

③光照：牛舍适宜的光照能够促进奶牛身体生长发育，增强免疫力，对奶牛的生理机能也有重要调节作用，牛舍采光分为两种：一是自然采光，二是人工采光，牛舍自然采光是温度调节的重要手段，牛舍的采光系数应在1∶(10～12)，而人工照明的光源主要有白炽灯和荧光灯两种。

④通风的调节：牛舍通风的主要作用是排出过多的水气、热量、有害气体、尘埃、细菌等，可以在舍内安装通风设备等来调节通风。

⑤有害气体及灰尘：在封闭式牛舍，由于牛的呼吸、排泄、污物的腐败分解会产生一些对人畜有害的气体，如氨气、硫化氢、一氧化碳、二氧化碳，此外还有采食、活

动产生的尘埃。

⑥排水及粪尿的清除，垫草的使用，牛舍的消毒及防虫、灭鼠等措施。

293 奶牛场污水的处理方法有哪些？

(1)表面曝气处理工艺　该工艺的特点是结构简单，投资较省，沉淀的残渣可作水产养殖的饲料或肥料，但废水处理效果较差，不能达标排放。

(2)生物接触氧化处理工艺　该工艺的特点是充分利用现有的处理设施，几乎不增加处理单元。添加的筛网，方法简单，投资极省，而且极为有效。

(3)混凝表面曝气处理工艺　该工艺的特点是在原有的基础上增加了混凝处理。混凝处理能否将废水中NH_3-N等污染物大幅度降低下来，以便保证后续表面曝气处理负荷能达到设计要求，是该工艺的关键。

(4)混凝处理工艺　混凝-表面曝气处理工艺虽然可以达标排放，但运行费仍然较高、本工艺的特点是将混凝处理放在表面曝气之后，其最大优点是充分利用现有的曝气生物氧化处理。

(5)复合生物处理工艺　该工艺的特点是在现有处理工艺的基础上，增加了复合生物处理单元。

(6)混凝-复合生物处理工艺　在原有处理工艺基础上增加了混凝处理和复合生物处理单元。复合生物处理实际上是一个生物滤床，污染物通过它时，首先是物理吸附作用和化学吸附作用，将污染物截留下来，然后再由生物去分解它。

294 奶牛场常用岗位设置有哪些？其具体的岗位职能是怎样的？

(1)场长职责规范

①负责牧场全面工作，在公司规定的用人指数内，合理安排各岗位员工，在权限范围内科学有效地组织与管理生产。

②负责监督执行牧场各项规章制度、操作规程和管理规范。

③制订并实施牧场内各岗位的考核管理目标和奖惩办法。

④定期对所有技术人员和各岗位员工进行考评，根据考核成绩对员工予以适当的经济奖惩、教育或辞退。

⑤及时圆满地执行公司下达的各项任务，定期向公司有关领导汇报工作情况。

⑥努力学习，不断提高自身管理水平和业务能力。定期对职工组织业务技术培训，提高牧场整体生产技术水平。

⑦厉行增产节约，努力提高牧场经济效益。

⑧安全生产、杜绝隐患。

(2)技术员职责规范

①参与牛场全面生产技术管理，熟知牛场管理各环节的技术规范。

①负责各群牛的饲养管理，根据后备牛的生长发育状况及成母牛的产奶情况，依照营养标准，参考季节、胎次、泌乳月的变化，合理、及时地调整饲养方案。

③负责各群牛的饲料配给，发放饲料供应单，随时掌握每群牛的采食情况并记录在案。

④负责牛群周转工作。记录牛场所有生产及技术资料。

⑤负责各种饲料的质量检测与控制。

⑥掌握牛只的体况评定方法，负责组织选种选配工作。

⑦熟悉牛场所有设备操作规程，并指导和监督操作人员正确使用。

⑧熟悉各类疾病的预防知识，根据情况进行疾病的预防。

(3)兽医职责规范

①负责牛群卫生保健、疾病监控与治疗、贯彻执行防疫制度、制订药械购置计划、填写病例和有关报表。

②合理安排不同季节、时期的工作重点，及时做好总结工作。

③每次上槽仔细巡视牛群，发现问题及时处理。

④认真细致地进行疾病诊治，充分利用化验室提供的科学数据。遇到疑难病例，组织会诊，特殊病例要单独建病历。认真做好发病，处方记录。

⑤及时向领导反馈场内存在的问题，提出合理化建议。配合畜牧技术人员，共同搞好饲养管理。贯彻“以防为主，防重于治”的方针。

⑥努力学习、钻研技术知识，不断提高技术水平。普及奶牛卫生保健知识，提高职工素质。掌握科技信息，开展科研工作，推广应用成熟的先进技术。

(4)配种员职责规范

①年底负责制订下年奶牛配种繁殖计划，参与制订选配计划。

②认真观察牛群，做好发情鉴定，适时配种，按规定时间做妊娠诊断。拟好停奶通知单，及时通知班组。

③做好奶牛产后监护工作，负责奶牛繁殖疾病的预防及诊疗。

④及时记录奶牛发情、配种、妊检、流产、产犊、治疗等技术数据，填写繁殖卡片。

⑤做好精液、药品的出入库记录和汇总，月底上报财务室。

⑥按时整理、分析各种繁殖技术资料，及时上报并提出合理化建议。对场内的

各项工作有何想法,要及时与领导沟通。

⑦向职工普及奶牛繁殖知识,努力学习,掌握科技信息,推广先进技术和经验。

(5)产房岗位职责规范

①产房24小时有专人值班。根据预产期,做好产房、产间及所有器具清洗消毒等产前准备工作。保证产圈干净、干燥、舒适。

②围产前期奶牛临产前1～6小时进入产间,后躯消毒。保持安静的分娩环境,尽量让母牛自然分娩。破水后必须检查胎位情况,需要接产等特殊处理时,应掌握适当时机且在兽医指导下进行。

④母牛产后喂温麸皮盐水,清理产间,更换褥草,请兽医检查,老弱病牛单独护理。

④母牛产后1小时内进行第一次挤奶,挤出全部奶量的1/3左右,速度不宜太快。第二次可适量增加挤出量,24小时后正常挤奶。

⑤观察母牛产后胎衣脱落情况,如不完整或24小时胎衣不下,请配种员处理。

⑥母牛出产房应测量体重,并经人工授精员和兽医检查签字。

(6)保管员职责规范

①严格执行公司主管部门的操作规范,严格执行财务制度。

②进出物资要严格检查质量、数量,各项记录及时完整,各种报表要及时准确。

③妥善保管和调用物资,先进先出,避免霉坏、变质及非正常损耗。注意防火、防盗。每月盘存,做到账实相符,实事求是。

(7)犊牛岗位职责规范

①注意观察犊牛的发病情况,发现病牛及时找兽医治疗,并且做好记录。

②喂奶犊牛在犊牛岛内应挂牌饲养,牌上记明犊牛出生日期、母亲编号等信息,避免造成混乱。

③新生犊牛在1小时内必须吃上初乳。

④犊牛喂奶要做到定时、定量、定温。

⑤及时清理犊牛岛和牛棚内粪便,犊牛岛内犊牛出栏后及时清扫干净并撒生石灰消毒。舍内保持卫生,定期消毒。

⑥喂奶桶每班刷洗,饮水桶每天清洗,保证各种容器干净、卫生。

⑦协助资料员完成每月的犊牛照相、称重工作。

(8)育成牛、青年牛岗位职责规范

①注意观察发情牛并及时与配种员联系。

②严格按照饲养规范进行饲养。

③保证夜班饲草数量充足。

(9)成母牛岗位职责规范

①根据牛只的不同阶段特点，按照饲养规范进行饲养。同时要灵活掌握，防止个别牛只过肥或瘦弱。

②爱护牛只，熟悉所管理牛群的具体情况。

③按照固定的饲料次序饲喂。饲料品种有改变时，应逐渐增加给量，一般在一周内达到正常给量。不可突然大量改变饲料品种。

④产房要遵守专门的管理制度，协助技术人员进行奶牛产后监控。

(10)饲料工岗位职责规范

①严格按照饲料配方配合精饲料。饲料原料、成品料要按照不同品种分别摆放整齐，便于搬运和清点。

②严格按照操作规程操作各类饲料机械，确保安全生产。

③每天按照技术员的发料单，给各个班组运送饲料。要有完整的领料、发料记录，并有当事人签字。

④运送或加工饲料时，注意检出异物和发霉变质的饲料。

⑤ 每月汇总各类饲料进出库情况，配合财务人员清点库存。

(11)挤奶工岗位职责规范

①服从班组长的工作安排，认真完成本职工作。

②按照挤奶操作规程进行挤奶。严格执行牛奶卫生制度。

③注意观察上挤奶机的奶牛，发现患乳腺炎牛只，不得上机挤奶，应及时通知班组进行特别护理和治疗。开始挤出的第一、二把乳汁、应用抗生素及停药后5天内的乳汁、血乳、病牛乳、初乳、末乳及变质乳要按规定单独挤，单独存放，严禁混进大罐。

④保持个人和挤奶环境的清洁卫生。

⑤爱护挤奶设备，注意观察使用设备的运行情况，发现异常及时汇报。

⑥工作期间禁止大声喧哗，严禁打牛。

295 奶牛场员工的劳动定额是怎样安排的？

(1)繁殖人员考核定额

①根据场里规定，合理安排分娩季节，努力钻研繁殖技术，尽心尽责搞好繁殖工作。

②劳动报酬：每分娩得到1头健康犊牛给报酬 x 元，妊娠210天内流产牛不计；每配种并妊娠1头给报酬 x 元(若流产，以见小牛为准，经场领导鉴定每头配种并妊

娠牛付报酬 x 元),以配种后 3 月龄确诊妊娠并上报计数,若上报数与分娩数不符,以实际分娩数为准,并追查相差数是否在正常分娩范围之内,若在正常误差之内,算为配妊数,若在正常分娩误差之外,每误差 1 头罚 x 元(流产牛要及时报告确认)。

③精液用量:每配种并妊娠 1 头牛,精液指标为:经产牛 2.8 支/头,青年牛 2.3 支/头,超减按精液的成本价罚奖(1 支即为一根细管冻精的价格)。

(2)兽医人员考核定额

①药费限额:成母牛 0.41 元/(头·日),育成牛、犊牛 0.10 元/(头·日),此项限额不包括疫苗、两病检疫、繁殖、消毒池、环境消毒以及大的流行病等用药。药费超减,按其超减额部分的 10%罚奖兽医人员。以上按生产报表饲养日每月兑现。

②被迫淘汰率(包括因乳腺炎、蹄病等)为:成母牛 12%/年,育成牛、犊牛 3%/年。大的流行病或出生 7 天内的犊牛死亡或特殊意外死亡以及育种主动淘汰等不列入计算数据。每超过一头罚 x 元,每少一头奖 x 元,按生产报表总饲养日年底兑现。

(3)畜牧管理人员考核定额

①畜牧管理人员是指场长助理、车间主任、生产班长及畜牧技术人员。

②科学管理、合理用工、精心饲养、确保奶牛健康。全年圆满完成公司下达的各项生产指标,奖励 x 元。

(4)产房乳房护理人员及挤奶员考核定额

①全场奶牛由产房乳房护理人员负责,分娩时无临床性乳腺炎,每乳区奖 x 元;若有临床性乳腺炎,但由护理员自己治愈,每乳区罚 x 元;若治不好造成瞎乳区,每乳区罚 x 元。(注:每个月给两个瞎乳区指标,无新增瞎乳区每月奖 x 元)。

②产房隐性乳腺炎小于 12%奖 x 元,大于或等于 12%罚 x 元,大于或等于 15%罚 x 元,大于或等于 20%罚 x 元。

③挤奶台转到产房的,若发现临床性乳腺炎,产房乳房护理人员挤好每乳区奖 x 元;若挤不好造成瞎乳区,每乳区罚 x 元,同时罚挤奶台挤奶员 x 元。

④挤奶台临床性乳腺炎月小于 2%,每乳区奖 x 元;大于 2%每乳区罚 x 元。隐性乳腺炎小于 12%奖 x 元,大于或等于 12%罚 x 元,大于或等于 15%罚 x 元,大于或等于 20%罚 x 元(注:挤奶台用药,青霉素 80 万单位 18 支即一个疗程,算为 1 个临床性乳腺炎)。

⑤兽医人员每月 20 日左右检查统计临床性和隐性乳腺炎一次,奖罚核算日期以每月 25 日止,并在 28 日前上报场部,月底造工资表兑现。繁殖人员每月初把本月要停奶的牛号交给产房乳房护理人员,以利于及时停奶。

296 奶牛场合理的牛群结构比例是怎样分布的？

奶牛场牛群结构示例见表 2。

表 2　奶牛场牛群结构示例

牛舍分布	牛群类型	百分比	以 100 头举例
	牛群总头数	184	100
	成母牛头数	100	54
	泌乳牛	83	45
产房	健康泌乳牛	76	42
	头胎牛	25	14
	多胎牛	51	28
	泌乳后期牛	14	8
	泌乳中期牛	13	7
	泌乳早期牛	24	13
	病牛	2	1
产栏	产后 1 天牛	1	1
	产后初情牛(2～7 天)	4	2
干乳牛舍	干乳牛	17	9
	干乳前期牛	12	7
	干乳后期牛	5	3
	后备牛	84	46
犊牛舍	犊牛	17	9
	哺乳犊牛	7	4
	断奶犊牛	10	5
育成牛舍	育成牛	35	19
	6～8 月龄	10	5
	9～12 月龄	15	8
	13～15 月龄(配种期)	10	8
成年牛舍	青年牛	32	17
	16～26 月龄(妊娠期)	32	17

297 如何对奶牛场进行生产计划管理?

(1)奶牛生产定额管理

①重视奶牛场生产中组织生产管理制度和生产责任制。

②奶牛场生产定额 。

③制定奶牛生产定额。

④定额的修订与管理定额。

⑤奶牛场劳动组织形式。

⑥工作日程。

(2)奶牛场的生产计划

①牛群周转计划。

②配种产犊计划。

③产奶计划。

④饲料计划。

(3)奶牛生产人力资源管理

奶牛场从业员工管理

①奶牛场生产经营所需要的工作岗位:奶牛场生产经营所需要的员工种类及数量依奶牛场规模、饲养方式、机械化程度、人员的熟练程度而定。

②员工岗位培训:奶牛场生产技术性强,新聘用员工上岗前必须经过岗位培训,在岗人员也要进行定期培训。

③从业员工管理:员工管理不仅仅是雇佣和解雇,还包括员工的管理、福利以及处理员工之间的关系等。

④从业员工劳动报酬:员工的报酬应随着岗位和工作业绩的不同而异。一个好的员工应得到与其专业技能和责任大小相称的薪水。

(4)奶牛生产的经营管理与经济效益评价

①奶牛场经济管理原理:

②奶牛场的经营管理:a. 生产管理。生产管理的内容主要包括:强化管理,精简并减少非生产人员,择优上岗;健全岗位责任制,定岗、定资、定员,明确的年度岗位任务量和责任,建立岗位靠竞争、报酬靠贡献的机制;以人为本,从严治场,严格执行各项饲养管理、卫生防疫等技术规范和规章制度,使工作达到规范化、程序化;建立并完善日报制度,包括生产等各项日报记录,并建立生产档案。b. 技术管理。制定年度各项技术指标和技术规范,实行技术监控,开展岗位培训和新技术普及应

用，及时做好技术数据的汇总、分析工作，并加以认真地总结，建立技术档案。c.物资管理。建立药品、燃料、材料、低值易耗品、劳动保护等用品的采购、保管、收发制度，并实行定额管理。d.财务管理。财务管理的内容主要有：遵守财务有关规定，一切费用进出必须有原始凭证，科目完整，报表完善，逐月提供财务收支报表，通报效益进度；做好各项资金管理工作；做好成本分析和核算工作，在做好各项生产成本分析和核算的基础上，提出分析意见，以便制定明确的增产节约措施。

③奶牛生产的经济效益评价。奶牛生产产出产品是牛奶，牛奶是奶牛、饲料、劳动力、房屋等诸要素的组合而生产出来的。如果一个奶牛场是按照经济实体进行经营，其目的就要实现其产出，总产出值必须超过总投入，然后获得的才是利润。整个产值称为总产出，整个投入值，等于总费用。

总产出－总费用＝盈或亏

298 从哪些方面对牛场经济效益进行评价？

(1)资金负债表　利用资金负债表进行牛场经济效益分析，一方面可以知道自己牛场的资本价值的多少，是否赢利；另一方面当准备在自己的牛场注入新的资金时，可以帮助奶农了解是否有足够的资金投资到房舍和其他基本建设当中。在这里应当注意的是，在新项目建设前，首先搞好施工预算，一定要量力而行。不要盲目投资，避免开工后，一旦资金不足或不能及时周转，形成半拉工程，造成巨大损失。

(2)损益表(资金平衡表)　它简单记录了奶农一定时间段(月、年)的财务状况，通过一种平衡关系，找到所获利润的多少。在实际工作中可以根据自己牛场的具体情况酌情增减单项，使左右两部分的总计数相等平衡。利润是期末价值、销售收入、暂付款之和减去期初价值、购入成本、暂收款之和所得，如果是正值就是赢利，若是负值便是亏。

(3)毛利润分析　毛利润分析法是牛场经济效益分析方法中最简单的一种，以每头牛为单位计算较为方便，奶农只要做好了计算毛利润的记录，他就能不断地检查自己牛场的财务和技术状况。这种分析方法不仅可以与自己经营其他项目的赢利情况进行纵向比较，还可以与其他牛场的经济效益情况进行横向比较。

(4)牛场经营的生产成本　包括可变成本和固定成本，可变成本是指能够分摊给每头牛的支出消费，如：精粗饲料费用、兽药费用、配种费用等。固定成本是指整个牛场所承担的、无法分摊给单项经营的花费。如：佣工、租金、燃料、水和电等。

销售收入减可变成本就是毛利润，再减固定成本便可得到净利润，毛利润分析法还表明，几对变项之间存在着一定的灵敏性，当对某一项投入作细小的调整时，其最终数据的变化幅度极大，远远超过调整另一个投入项所产生的影响，这可从实际毛利润上得到反映。毛利润对精饲料价格和牛奶产量的关系反映灵敏，而对饲料喂量与牛奶价格之间的关系不灵敏。因此，在实际生产中，要尽量调整灵敏性高的相关项目，以获得较高的效益。奶农在实际生产过程中，要不断地进行经济分析，来指导奶业生产。做好经济分析的决定因素就是作好牛场记录。牛场记录包括两方面的内容：一个是饲养管理技术记录；另一个是财务记录。

299 什么是牛的产业化经营？其意义何在？

产业化大致的含义是：以国内外市场为导向，围绕以养牛为主的主导产业，确定以肉牛或奶牛为主，将养牛产业从开始养殖到最终销售的所有环节连接起来，形成养殖、加工、包装、保鲜、贮藏、运输、销售一体化，各环节相互衔接和配套的完整产业系列。

意义：①围绕养牛优势，开发名特新产品，形成主导产业；②全方位的系列化、综合化的服务体系是畜牧业产业化发展的重要保证；③通过产业链延伸，发展多层次体系，实现多层次增值，有利于提高专业化水平和实现最大的产业总体效益；④有利于企业、农户形成利益共同体；⑤对整个农业产业化具有推动作用；⑥可容纳大量农村剩余劳动力，为农村工业化、小城镇的建设和发展提供新的动力。

300 规模化奶牛场繁育指标考核有哪些？

①成母牛年繁殖率≥85％；②年繁殖淘汰率≤8％；③产后 90 天时发情鉴定率≥90％；④平均产后首配时间≤75 天；⑤21 天怀孕率≥25％；⑥青年牛平均产犊时间 25 月龄以下；⑦每周孕检要求：青年牛情期受胎率≥65％；发情鉴定率≥95％；性控冻精情期受胎率≥55％，发情鉴定率≥95％；泌乳牛情期受胎率≥74％；发情鉴定率≥85％。⑧每月 2 次孕检要求：青年牛空怀率≤1％，泌乳牛空怀率≤3％。

参考文献

[1] 谷风柱,刘强. 牛病防治问答 [M]. 北京:化学工业出版社,2008.

[2] 安德鲁斯. 牛病学:疾病与管理 [M]. 第2版. 北京:中国农业出版社,2006.

[3] 赵德明. 养牛与牛病防治 [M]. 北京:中国农业出版社,2004.

[4] 刘长松. 奶牛疾病防治[M]. 北京:中国农业出版社,2005.

[5] 徐君. 牛羊生产学[M]. 成都: 西南交通大学出版社,2013.

[6] 陈羔献. 牛病门诊实用技术[M]. 郑州:河南科技出版社,2004.

[7] 侯振华. 科学养牛新技术[M]. 沈阳:沈阳出版社,2011.

[8] 孙国强,李玉林. 养牛手册[M]. 第2版. 北京:中国农业大学出版社,2007.

[9] 马崇文. 实用养牛新技术[M]. 昆明:云南科技出版社,2006.